U0171261

国家出版基金项目
NATIONAL PUBLICATION FOUNDATION

"十三五"国家重点出版物出版规划项目·重大出版工程规划

5G关键技术与应用丛书

超密集无线网络关键技术

张海君　隆克平　著

科学出版社

北　京

内 容 简 介

本书从目前无线网络发展所面临的挑战出发，以超密集网络中日益突出的能耗问题、干扰问题和用户服务质量保证等作为着手点，深入研究并提出网络架构、资源优化、用户关联、干扰抑制、回程设计等多种方案。本书力求用严谨的语言阐述所涉及的技术及所提出的算法，为了增强内容的可读性，书中提供了大量的核心算法及数学公式，并插入了多张网络部署及实验结果仿真图，可为读者提供一个良好的阅读体验。

本书可供移动通信领域的研究人员、通信专业的学生、移动开发人员，以及所有对通信行业感兴趣的读者阅读。希望本书能让读者对超密集网络有个立体而直观的认识，并能深入理解书中所提出的无线资源分配优化算法。

图书在版编目（CIP）数据

超密集无线网络关键技术 / 张海君, 隆克平著. —北京：科学出版社，2021.6

（5G 关键技术与应用丛书）

"十三五"国家重点出版物出版规划项目·重大出版工程规划
国家出版基金项目

ISBN 978-7-03-068831-6

Ⅰ. ①超…　Ⅱ. ①张…　②隆…　Ⅲ. ①无线网–资源优化–算法理论–研究　Ⅳ. ①TN92

中国版本图书馆 CIP 数据核字（2021）第 095245 号

责任编辑：赵艳春　董素芹 / 责任校对：王萌萌
责任印制：师艳茹 / 封面设计：迷底书装

科学出版社 出版
北京东黄城根北街 16 号
邮政编码：100717
http://www.sciencep.com
三河市春园印刷有限公司 印刷
科学出版社发行　各地新华书店经销

*

2021 年 6 月第 一 版　开本：720×1000　B5
2021 年 6 月第一次印刷　印张：12 3/4
字数：255 000

定价：99.00 元
（如有印装质量问题，我社负责调换）

"5G 关键技术与应用丛书"编委会

名誉顾问:

邬贺铨　陈俊亮　刘韵洁

顾问委员:

何　友　于　全　吴建平　邬江兴　尹　浩　陆建华　余少华

陆　军　尤肖虎　李少谦　王　京　张文军　王文博　李建东

主　编:

张　平

副主编:

焦秉立　隆克平　高西奇　季新生　陈前斌　陶小峰

编　委(按姓氏拼音排序):

艾　渤　程　翔　段晓辉　冯志勇　黄　韬　冷甦鹏　李云洲

刘彩霞　刘　江　吕铁军　石晶林　粟　欣　田　霖　王光宇

王　莉　魏　然　文　红　邢成文　许晓东　杨　鲲　张　川

张海君　张中山　钟章队　朱义君

秘　书:

许晓东　张中山

序

由科学出版社出版的"5G 关键技术与应用丛书"经过各编委长时间的准备和各位顾问委员的大力支持与指导,今天终于和广大读者见面了。这是贯彻落实习近平同志在 2016 年全国科技创新大会、两院院士大会和中国科学技术协会第九次全国代表大会上提出的广大科技工作者要把论文写在祖国的大地上指示要求的一项具体举措,将为从事无线移动通信领域科技创新与产业服务的科技工作者提供一套有关基础理论、关键技术、标准化进展、研究热点、产品研发等全面叙述的丛书。

自 19 世纪进入工业时代以来,人类社会发生了翻天覆地的变化。人类社会100 多年来经历了三次工业革命:以蒸汽机的使用为代表的蒸汽时代、以电力广泛应用为特征的电气时代、以计算机应用为主的计算机时代。如今,人类社会正在进入第四次工业革命阶段,就是以信息技术为代表的信息社会时代。其中信息通信技术(information communication technologies, ICT)是当今世界创新速度最快、通用性最广、渗透性最强的高科技领域之一,而无线移动通信技术由于便利性和市场应用广阔又最具代表性。经过几十年的发展,无线通信网络已是人类社会的重要基础设施之一,是移动互联网、物联网、智能制造等新兴产业的载体,成为各国竞争的制高点和重要战略资源。随着"网络强国"、"一带一路"、"中国制造 2025"以及"互联网+"行动计划等的提出,无线通信网络一方面成为联系陆、海、空、天各区域的纽带,是实现国家"走出去"的基石;另一方面为经济转型提供关键支撑,是推动我国经济、文化等多个领域实现信息化、智能化的核心基础。

随着经济、文化、安全等对无线通信网络需求的快速增长,第五代移动通信系统(5G)的关键技术研发、标准化及试验验证工作正在全球范围内深入展开。5G发展将呈现"海量数据、移动性、虚拟化、异构融合、服务质量保障"的趋势,需要满足"高通量、巨连接、低时延、低能耗、泛应用"的需求。与之前经历的1G~4G 移动通信系统不同,5G 明确提出了三大应用场景,拓展了移动通信的服务范围,从支持人与人的通信扩展到万物互联,并且对垂直行业的支撑作用逐步显现。可以预见,5G 将给社会各个行业带来新一轮的变革与发展机遇。

我国移动通信产业经历了 2G 追赶、3G 突破、4G 并行发展历程,在全球 5G研发、标准化制定和产业规模应用等方面实现突破性的领先。5G 对移动通信系统进行了多项深入的变革，包括网络架构、网络切片、高频段、超密集异构组网、新空口技术等，无一不在发生着革命性的技术创新。而且 5G 不是一个封闭的系统，它充分利用了目前互联网技术的重要变革，融合了软件定义网络、内容分发网络、网络功能虚拟化、云计算和大数据等技术，为网络的开放性及未来应用奠定了良好的基础。

为了更好地促进移动通信事业的发展、为 5G 后续推进奠定基础，我们在 5G 标准化制定阶段组织策划了这套丛书，由移动通信及网络技术领域的多位院士、专家组成丛书编委会，针对 5G 系统从传输到组网、信道建模、网络架构、垂直行业应用等多个层面邀请业内专家进行各方向专著的撰写。这套丛书涵盖的技术方向全面，各项技术内容均为当前最新进展及研究成果，并在理论基础上进一步突出了 5G 的行业应用，具有鲜明的特点。

在国家科技重大专项、国家科技支撑计划、国家自然科学基金等项目的支持下，丛书的各位作者基于无线通信理论的创新，完成了大量关键工程技术研究及产业化应用的工作。这套丛书包含了作者多年研究开发经验的总结，是他们心血的结晶。他们牺牲了大量的闲暇时间，在其亲人的支持下，克服重重困难，为各位读者展现出这么一套信息量极大的科研型丛书。开卷有益，各位读者不论是出于何种目的阅读此丛书，都能与作者分享 5G 的知识成果。衷心希望这套丛书能为大家呈现 5G 的美妙之处，预祝读者朋友在未来的工作中收获丰硕。

中国工程院院士
网络与交换技术国家重点实验室主任
北京邮电大学　教授
2019 年 12 月

前　　言

　　未来的移动网络，包括超五代(beyond 5th-generation, B5G)通信网络和第六代(6th-generation, 6G)通信网络，必须应对不断增长的数据流量的挑战。工业和信息化部公布的数据显示，截至 2020 年 3 月末，三家基础电信企业的移动电话用户总数达 15.9 亿户，第四代(4th-generation, 4G)通信网络用户(12.8 亿户)在移动电话用户总数中占比达 80.5%。在电信业务方面，移动互联网流量也保持快速增长，3 月当月平均移动互联网接入流量达到 9.5GB/户，同比增长 30.6%。因此，面对海量通信数据的压力，如何提高移动网络容量及合理分配现有的无线资源受到了广泛的关注和研究。

　　超密集网络(ultra-dense network, UDN)是一种可以在极大程度上缓解用户数据需求呈指数级增长压力的技术。超密集网络主要通过在宏基站的覆盖范围内部署小基站，从而解决宏基站信号覆盖不足的问题，并增加系统容量，其已被视为满足日益增长的数据流量和减少能耗的一种有前景的方法。然而，随着基站的密集部署，超密集网络也面临许多挑战，如越来越突出的能耗问题、严重的干扰问题和服务质量的保证问题。

　　本书针对以上问题，汇集了作者近几年来在该领域的项目研究成果，旨在为移动通信领域及其相关领域的研究人员及学生提供一些有价值的优化方案，为未来能够更好地利用现有的网络资源并满足日益增长的服务质量需求起到一定的参考作用。

　　本书的主要内容可以概括为通过引入非正交多址接入、软件定义网络、强化学习、能量收集和博弈论等关键技术，提出并设计多种优化算法，解决超密集异构网络中的网络架构、资源分配、用户关联、干扰协调、回程设计和用户公平机制等问题。本书的各个章节中均提供了大量的公式推导和核心算法及网络部署图示，让读者能够对所提出的算法原理和关键技术有一个更深入的理解，且所提出的优化方案均已在项目中得到了验证并在各个章节中提供了对应的实验结果图。

　　本书中的项目得到了国家自然科学基金、国家重点研发计划课题的资助，作者对此表示感谢。

　　感谢在本书创作过程中给予支持的编委会及项目组全体老师；感谢张新常、张志才、王贤凌、皇甫伟、郑杰、徐天衡、胡珍珍、赵君、王葆葆、刘娅汐、刘娜、李东、楚晓申、冯梦婷、孙梦颖等对本书内容的贡献;感谢李亚博、邱宇、刘玉佩、苏仁伟、姜铭慧、冯理哲、黄庙林、陈安琪、徐嘉利、王衡等对本书提供的帮助;感谢各位读者的支持。需要感谢的人还有很多,这里就不一一列举了。希望本书能够为未来移动通信领域的发展做出贡献,但由于时间仓促及作者学识有限,书中难免会有不足之处,敬请读者不吝斧正。

作 者

2021 年 6 月于北京

目　　录

第1章　异构超密集网络混合通信路径编排方案

1.1　引　　言

未来的移动网络，包括超五代通信网络和第六代通信网络，必须应对不断增长的数据流量所带来的挑战。因此，提高移动网络容量的技术受到了广泛的关注和研究[1]。这些技术主要包括大规模多输入多输出(multiple-input multiple-output, MIMO)[2]、毫米波(millimeter-wave, mm-Wave)[3]、超密集网络(ultra-dense network, UDN)[4]、全双工中继[5]、未授权频谱[6]等。异构超密集网络与其他通信技术(如 Wi-Fi)的共存产生了理想的兼容性。它们的高系统容量和良好的兼容性使异构超密集网络被广泛认为是未来移动网络的一个有前景的架构。超密集网络尽管有着很多优势，但是在回传链路和容量瓶颈方面却面临着挑战，其中包括小小区基站回传链路和宏基站(macro base station, MBS)干扰问题。

端到端通信除了旨在提高回传质量之外，也是一种缓解容量瓶颈的可行技术。使用端到端通信时，附近的用户设备节点(用户)可以在不使用网络基础设施的情况下进行通信，从而有效减少了基站处理的通信量。移动网络和移动多播[7]的边缘缓存内容也可以处理大量的移动网络流量。当内容缓存得到广泛应用时，端到端通信将发挥更大的作用。

本章提出了一种异构超密集网络的通信路径编排的解决方案，该方案的系统结构包括一个数据平面和一个控制平面。在数据平面上，数据可以沿着混合设备通信路径(hybrid device communication path, HDCP)从一个内部通信节点(基站或者用户)传输到另一个内部通信节点。混合设备通信路径可用于两个用户之间的通信，也可以用于解决回传链路的拥塞问题。在控制平面上，路径调度程序根据各种链路带宽资源集中安排混合设备通信路径。根据上述体系结构，我们介绍了两种混合设备通信路径编排方法，与现有提高网络容量的技术不同，我们提出的解决方案旨在通过充分利用可用的全球网络资源来提高网络服务的质量。因此，所提出的解决方案可以作为异构超密集网络技术的一个重要补充。

超密集网络通常采用两层结构，其中假定宏基站位于中心，小小区基站分布在宏基站的覆盖区域内。连接小小区基站和用户接入链路的频谱可以以集中式或分布式方式动态分配。与接入链路不同，回传链路几乎是静态的[8]。不同类型的回传链路可能具有明显不同的容量。例如，毫米波(60GHz)的上下游吞吐量约为1Gbit/s [9]，而 G.Fast(100m)的上下游吞吐量约为500Mbit/s [10]。超密集网络中回传链路的具体选择取决于成本和其他几个系统因素，如网络容量、小小区基站部署密度和干扰问题。虽然有线链路，特别是光纤链路可以保证高容量，但高昂的成本和地理限制在一定程度上阻碍了它们的密集部署。毫米波部署方便，数据容量大，然而，由于小小区基站的数量众多，密集的毫米波网络的回传代价高昂。

端到端通信，尤其是全双工端到端通信，可以通过共享基站使用的带宽来提高系统性能[11]。端到端对与蜂窝用户之间的资源共享可以达到最佳的频谱效率，但会产生干扰。使用专用频谱不会在端到端对和蜂窝用户之间产生干扰，然而它却降低了频谱效率。由于授权频谱具有良好的可控性，所以可以将其集中分配，端到端对还可以使用或重用未经授权的频谱资源。基于未授权频谱资源的端到端通信，如 Wi-Fi Direct，消除了端到端对与蜂窝用户之间的干扰问题。

1.2 路径编排体系结构

图 1-1 描述了我们所提出的解决方案的系统架构。该解决方案包括一个数据平面和一个控制平面。数据平面负责通信数据，控制平面负责通信路径编排。

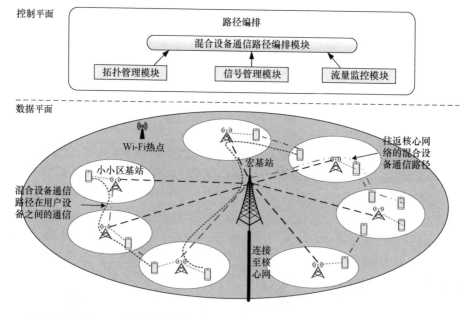

图 1-1 提出方案的系统架构

1.2.1　数据平面

　　考虑一个典型的超密集网络结构，如图 1-1 所示。小小区基站接入链路(连接小小区基站和用户)的频谱资源以集中的方式分配。小小区基站通过异构回传链路与宏基站通信。在超密集网络区域，可能会部署 Wi-Fi 热点。两个通信节点之间通信的双向路径有时是不同的。对于上述情况，双向路径是独立构建的。为了简单起见，我们假设两个内部通信节点之间通信的双向路径是相同的。

　　数据可以沿着混合设备通信路径从一个内部通信节点传输到另一个内部通信节点。混合设备通信路径中包含的链路可以是端到端链路，也可以是小区到小区链路，将数据从一个小小区基站传输到另一个小小区基站、小小区基站接入链路或者小小区基站回传链路。端到端或小区到小区链路可以使用授权或者未授权的频谱，并以集中的方式构建。如果小小区基站可以添加相应的支持，则可以将 Wi-Fi 用于小区到小区链路。需要注意的是，混合设备通信路径集成了不同的通信接口，这有助于充分利用网络资源。上述集成基于应用层辅助转发方法，如图 1-2 所示。

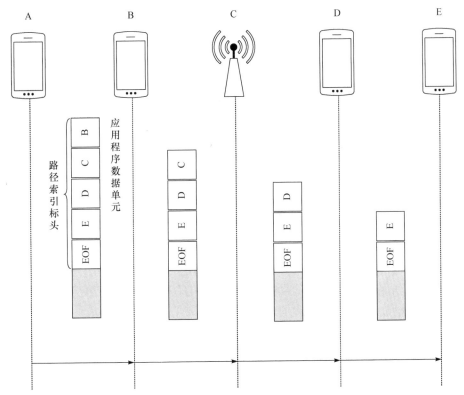

图 1-2　应用层辅助混合设备通信路径通信

　　为了沿着混合设备通信路径将数据包发送到目的地，数据源在数据包中的应用程序数据单元(application data unit, ADU)的开头插入一个路径索引头，并将数据包发送到混合设备通信路径中的下一个节点。路径索引头由一系列节点地址和文件结束(end of file, EOF)标志组成。如果此混合设备通信路径的最后一个节点是包目的地，则路径索引头中的最后一个地址是该混合设备通信路径的最后一个节点地址；否则，最后一个地址就是数据包的目标地址。在后一种情况下，包的目标是一个远程地址，混合设备通信路径的最后一个节点是小小区基站。当一个节点接收到数据包时，它将从路径索引头中删除第一个通信节点地址。上述过程一直持续到数据包到达此混合设备通信路径的最后一个节点为止。如果路径索引头中的最后一个地址不是这条混合设备通信路径上的最后一个节点的地址，则将数据包转发给宏基站。

混合设备通信路径可用于两个用户之间的通信，也可用于回传链路之间迁移流量，以解决回传链路的拥塞问题。基于混合设备通信路径的通信有几个优点。第一，当底层数据传输类型发生变化时，它可以很好地工作。这一特性对于所提出的解决方案非常重要，因为底层数据传输类型可能被灵活调整以获得全局优化。第二，由于路径索引头的设计，数据可以沿着多个混合设备通信路径传递，并且一条链路可以由多个混合设备通信路径共享。第三，正常数据包和形成核心网络不会受到影响。

1.2.2 控制平面

混合设备通信路径由宏基站上的路径调度程序或核心网络中的服务器来安排。路径调度程序由四个主要模块组成，如图 1-1 所示。混合设备通信路径编排模块是路径调度的核心，其他三个模块为混合设备通信路径编排模块提供了必要的支持。接下来介绍上述提及的四个模块。

拓扑管理模块：每个小小区基站记录了与之相连接的用户，并且这些小小区基站都和已知的宏基站相连接。因此，可以构建超密集网络的两层结构。由于在我们的解决方案中以集中式的方式构建了端到端和小区到小区链路，拓扑管理模块知晓关于这些链路的信息。因此，一个由小小区基站接入链路、小小区基站回传链路以及现存的端到端或者小区到小区链路组成的逻辑拓扑可以通过拓扑管理模块来建立链路。

信号管理模块：在所提出的解决方案中，用户通过如文献[12]所提到的端到端解决方案对端到端邻近信号进行预判精准信号检测。每个用户将新的无效端到端邻近信号报告给信号管理模块。小小区基站是固定的，因此部署小小区基站时可以获得小区到小区邻近信号关系。用户和小小区基站定期检测未经授权的频谱，例如，Wi-Fi 中使用的 2.4GHz 和 5GHz 频谱，端到端和小区到小区链路更适用这种频谱。被检测到的未授权光谱的变化也被报告给信号管理模块。

　　流量监控模块：该架构将网络流量分为外部流量和内部流量。外部流量是指进出核心网络的流量，内部流量是指用户之间通信产生的流量。通过监控宏基站的流量很容易实现对外部流量的监控。内部流量使用混合设备通信路径的目的地来监控，并报告给流量监控模块。根据监控结果和网络拓扑结构推导出链路级流量。

　　混合设备通信路径编排模块：该模块根据拥塞避免和流量平衡的通信需求编排混合设备通信路径。该模块向相关通信节点发送相应的指令，以部署新的混合设备通信路径或更新现有的混合设备通信路径。其他三个模块中获得的信息为混合设备通信路径编排提供了必要的支持。为了避免链路拥塞，该模块还需要了解每个相关链路的容量。无线链路的容量可以根据香农容量定理来计算，而有线链路的容量可以根据链路的配置来计算。由于用户的移动性，端到端链路容量有时会发生明显的变化。为了适应上述情况，基于现有方法，如文献[13]中提出的方法，检测链路拥塞，并报告给混合设备通信路径编排模块。当收到链路拥塞报告时，混合设备通信路径编排模块将重新安排适当的混合设备通信路径以减轻拥塞。

1.3　无拥塞的路径编排方法

　　本节主要关注无拥塞路径编排，它构造了用于两个用户的通信和避免回传拥塞的混合设备通信路径。本节介绍非侵入式和侵入式混合设备通信路径的编排方法。前者在不更改现有混合设备通信路径的情况下构造建立新的无拥塞混合设备通信路径，而后者通过更改现有混合设备通信路径构建新的无拥塞混合设备通信路径。侵入式混合设备通信路径业务流程会影响现有混合设备通信路径的稳定性。因此，只有当非侵入式混合设备通信路径业务流程无法找到合适的混合设备通信路径时才使用它。

1.3.1　路径编排的频谱分配

　　混合设备通信路径业务流程中，可以构造新的端到端和小区到小区链路，并扩展现有端到端链路容量，每条链路都涉及集中的频谱分配。如前所述，端到端和小区到小区链路可以使用授权或未授权的频谱资源。为了避免干扰，我们选择了优先级更高的未授权频谱。在我们的解决方案里，端到端或小区到小区链路没有本质区别。因此，我们的解决方案使用现有的方法，例如，像文献[14]中提出的方法那样，使用授权的频谱为端到端或小区到小区链路分配频谱。在异构超密集网络中使用未授权的频谱时，先听后讲机制是一个理想的选择。因此，我们所提出的解决方案应用先听后讲机制来选择未经授权的频谱。需要注意的是，未经授权的频谱信号由信号管理模块采集，无线信号的期望距离远小于最大可达距离。

1.3.2 非侵入式路径编排方法

当前者想要向后者发送数据时，非侵入式路径编排方法尝试在一个用户和另一个用户之间构建一个无阻塞的混合设备通信路径。此外，该方法构造一个或多个无拥塞混合设备通信路径以便在小小区基站的回传链路拥塞时迁移流量。

我们首先介绍用于两个用户之间通信的非侵入式混合设备通信路径编排。在不失一般性的前提下，我们假设一个用户 u 想要发送数据到另一个用户 v，非侵入式混合设备通信路径编排基于拓扑图上的特定广度优先搜索(breadth first search, BFS)，构造了一个无阻塞混合设备通信路径，从 u 开始，以 v 结束。被接入节点 i 的遍历路径表示了搜索过程所遍历的从 u 到 i 的路径。当将节点从当前深度级展开到下一个深度级时，遍历路径中包含最少端到端和小区到小区链路的节点将以最高优先级展开。上述过程减少了所找到的混合设备通信路径中的用户数量，从而明显提高了混合设备通信路径的稳定性。如果两个节点通过接入链路或回传链路连接，则一个节点会被视为另一个节点的公共邻点。当扩展节点时，i 的未接入公共邻点将被访问。此外，每个未被接入的端到端或小区到小区邻近点 j 将根据以下情形进行接入。

情形 1：不存在从 i 到 j 的端到端或小区到小区链路。在这种情况下，非侵入式混合设备通信路径编排尝试构建一个新的从 i 到 j 的端到端或小区到小区链路，以便这个新链路的容量能满足从 u 到 v 的通信要求，如果新链路构建成功，j 将成为下一个深度水平点；否则，j 将被忽略。

情形 2：虽然一个从 i 到 j 的端到端或小区到小区存在，但该链路的剩余流量不能满足从 u 到 v 的通信需求。在这种情况下，非侵入式混合设备通信路径编排尝试扩展从 i 到 j 的容量。通过调整分配更多功率或频谱，这样这个链路扩展容量可以满足所有通信需求。如果能成功完成上述扩容，则 j 会成为下一个深度级节点；否则，忽略 j。

情形 3：存在 i 到 j 的端到端或小区到小区链路，该链路剩余容量满足 u 到 v 的通信需求。此时，j 会成为下一个深度级节点。

上述研究过程中的频谱分配方案将被保存下来，在进一步扩展该遍历路径时，不会考虑为遍历路径的链路分配频谱资源。当接入目标 v 被接入或所有节点被接入后，搜索过程结束。

当流量监控模块检测到在一个小小区基站的回传链路里发生拥塞时，非侵入式混合设备通信路径编排方法试图通过以下两步来解决拥塞。第一步，与 S 相连

接的用户通过 S 回传链路流量的升序来分类；第二步，尝试为用户构建混合设备通信路径，根据第一步排序的顺序，它一个接一个地与 S 连接，直至根据所构建的混合设备通信路径进行求解，或进一步构建混合设备通信路径来解决拥塞。第二步中混合设备通信路径构建过程类似于前面介绍过的基于 BFS 的混合设备通信路径构建过程，只当小小区基站剩余的回传容量能够容纳与之相对应用户的相关流量时，该过程才结束。如果某些用户只是将最低的流量带入了拥塞回传链路，则这些用户的流量将以最高优先级进行迁移，主要考虑因素是遵循公平原则，即"少消耗，多机会"。用户虽然进行了流量迁移，但是其接入链路被保存下来，因此，如果有必要，这些用户可以使用接入链路。

我们所提出的非侵入式路径编排方法在使用端到端链路、小区到小区链路和小小区基站回传链路时，是基于综合考虑来构建混合设备通信路径的。小小区基站回传链路的主要优点包括：节省有限的频谱资源、提高生成混合设备通信路径的稳定性、提高构建混合设备通信路径成功的概率，尤其是对于两个相距较远的用户。任何混合设备通信路径都至少包括三个中间节点，并且在路径搜索过程中由两个小小区基站接入链路和两个小小区基站回传链路组成混合设备通信路径，不存在包含三个以上端到端链路的混合设备通信路径。此外，如果存在多个包含三个端到端链路的混合设备通信路径，则不使用小小区基站回传链路，因为我们所建议的方法是搜索最短混合设备通信路径，从上面的描述中，我们所提出的方法力求在生成的混合设备通信路径的稳定性、频谱效率和小小区基站回传链路的低带宽消耗之间提供一个令人满意的折中方案。还需注意到，小小区基站回传链路的低带宽消耗有助于提高成功构建新混合设备通信路径的概率。使用小区到小区链路还可以提高已经生成的混合设备通信路径的稳定性，提高成功构建混合设备通信路径的概率。因此，该方法采用类似的方式使用小区到小区链路。

图 1-3 展示了 A 和 B 之间通信的三种不同的混合设备通信路径。在第三条链路中，每个中间节点都是一个基站，这会使通信非常稳定。第一条路径稳定性最低，因为它包含了最多的用户。从图 1-3 还可以看出，由于不同的路径方案会产生不同的性能，因此需要精心的路径编排。

1.3.3　侵入式路径编排方法

非侵入式混合设备通信路径编排方法在不改变现有混合设备通信路径的情况下构造混合设备通信路径，有助于维护现有混合设备通信路径的稳定性。然而，由于全局编排能力有限，有时无法满意地解决链路拥塞问题。因此，当非侵入式混合设备通信路径编排不能解决拥塞问题时，有必要使用侵入式混合设备通信路径编排来获取一个共存混合设备通信路径的网络资源优化共享。侵入式混合设备通信路径编排的主要目标是找到混合设备通信路径的辅助传输方案，从而满足以

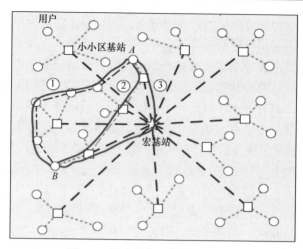

图 1-3　混合设备通信路径的示例

下条件。

(1) 两个用户之间每次通信都对应一个混合设备通信路径。

(2) 通过每个链路流的所需总数据速率不超过链路的分配容量。

(3) 混合设备通信路径中的中间通信节点的数量不能违反一个指定界限(称为跳转限制)。

需要注意的是，第三个条件主要用于避免过多的延迟。如果没有找到合适的混合设备通信路径，则释放跳转限制，重新安排混合设备通信路径。

优化侵入式混合设备通信路径编排是一个非常复杂的问题。考虑这个问题的简化版本，其中所有的链路都具有相同的带宽和被释放的跳转限制。上述简化已经在文献[15]中被证明是比较难处理的问题。在本节中，我们将介绍一种简单而有效的侵入式混合设备通信路径编排方法。该方法通过以下两个步骤来配置混合设备通信路径。

(1) 根据当前拓扑构造最短的混合设备通信路径(由跳转数度量)，构造的混合设备通信路径可能会产生链路拥塞。

(2) 通过迭代的可行性改进过程解决第(1)步产生的拥塞问题。这个步骤包括以下三个子步骤：①找出最拥挤的链路 l；②找出包括 l 在内的混合设备通信路径中包含最多通信节点的路径；③使用非侵入式路径编排所使用的路径搜索方法重建混合设备通信路径，以替换第②步中找到的混合设备通信路径。

在所提出的侵入式混合设备通信路径编排方法中，由于混合设备通信路径的长度是由跳转数度量的，第(1)步尝试采用最小化带宽消耗。此外，第(1)步可以有效地减少混合设备通信路径中用户的平均数量。当包含拥塞链路的混合设备通信路径被重新排列时，由于跳转限制，有时必须使用一些接近拥塞链路的链路。一条链路越拥挤，发生上述情况的可能性就越大。为了降低混合设备通信路径重排的失败概率，第(2)步首先重排包含最拥挤链路的混合设备通信路径。上述过程也有助于平衡流量。在第(2)步中，根据第二个子步骤，包含最多通信节点的混合设备通信路径被重置于最高优先级。在当前配置中包含最多通信节点的混合设备通信路径编排主要是由于跳转限制而变得相对困难。

1.4　仿真结果与分析

我们通过仿真评估所提出的解决方案的性能。仿真区域为 300m×300m，其中宏基站位于中心，100 个小小区基站随机放置在区域中。每个小小区基站的半径是 30m，端到端链路和小区到小区链路的最大距离分别是 25m 和 40m。

1.4.1　用户之间的通信

我们首先研究了用于用户之间通信的混合设备通信路径。在每个仿真场景中，我们在宏基站的覆盖区域随机放置 600 个用户，并标记其中一部分作为小小区基站的回传链路。被标记的回传链路表示具有足够剩余带宽的链路，可以在混合设备通信路径中使用。回传可用比率(backhaul availability ratio, BAR)表示标记回传链路的数量与小小区基站回传链路总数的比值。我们为所有用户对构造了只包含用户的混合设备通信路径和公共端到端路径。需要注意的是，端到端链路可以看作一个特定的混合设备通信路径。如前所述，我们的解决方案是使用现有的频谱分配方法。在该仿真中，如果距离符合要求，可以为端到端对或小区到小区建立一条端到端或小区到小区链路，忽略不同频谱分配方法之间的差异。我们使用路径构建失败率来表示成功构建的路径数量(混合设备通信路径或端到端路径)与用户数量对的总数的比值。

仿真结果表明，该方法可以降低路径构建的失败率，如图 1-4 所示。主要原因可以解释如下：密集部署小小区基站的接入链路和回传链路可以用于混合设备通信路径中，这明显增加了成功构建混合设备通信路径的机会。为了两个用户之间的通信，使用小小区基站回传链路的混合设备通信路径通常比相应的端到端路径要短。此外，我们提出的混合设备通信路径编排方法试图安排最短的混合设备通信路径。由于上述原因，混合设备通信路径的长度明显短于相应的端到端路径，如图 1-5 所示。需要注意的是，图 1-5 只显示了 20 对用户路径，其中两个相关的用户距离不小于 150m。由于我们的解决方案可以明显缩短路径长度和共享链路长度，因此可以更好地节省频谱资源。此外，在路径构建过程中考虑频谱分配并不会削弱图 1-4 和图 1-5 中的优先级。

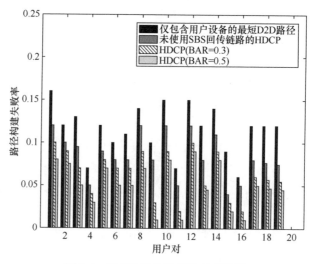

图 1-4　路径构建失败率的仿真结果

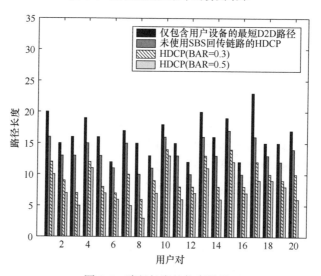

图 1-5　路径长度的仿真结果

1.4.2　拥塞避免能力

我们进一步评估该解决方案的拥塞避免能力。95%的小小区基站回传链路的下行和上行容量被赋值在150~500Mbit/s；其他小小区基站回传链路的最大下行和上行速率为1Gbit/s；小小区基站接入链路的链路容量都分配了一个范围为20~50Mbit/s 的值。端到端或者小区到小区链路的容量取决于几个元素，包括频谱分配、发射机功率、噪声和干扰。为了模拟容量差值，每条端到端或小区到小区链路被随机分配到数值为0~50Mbit/s 的任意数。在每个仿真场景中，小小区基站由 10～20 个用户连接。每个用户的下行速率为10～20Mbit/s。

从图 1-6 可以看出，在仿真中提出的解决方案可以很好地减少小小区基站回传链路的拥塞。我们将此归功于基于混合设备通信路径的拥塞避免。一方面，应用层辅助混合设备通信路径通信充分利用了包括端到端链路、小小区基站接入链路和小小区基站回传链路在内的通信链路的带宽资源，高带宽利用率降低了潜在的拥塞；另一方面，混合设备通信路径编排方法可以通过集中式路径规划有效避免拥塞。

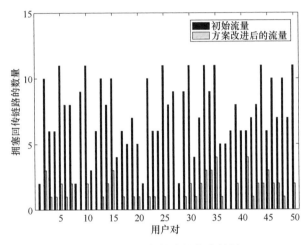

图 1-6　拥塞避免能力的仿真结果

1.5　总　　结

本章提出了一种异构超密集网络的混合设备通信路径编排解决方案。该解决方案构建了特定的混合设备通信路径，它可以用于两个用户之间的通信，也可以用来迁移回传链路之间的流量，从而解决回传链路的拥塞问题。由于应用层的数据转发，混合设备通信路径有效地集成了各种通信链路。具体地，本章介绍了一种非侵入式和侵入式混合设备通信路径的编排方法，旨在构建无拥塞混合设备通信路径，解决基于混合设备通信路径的回传链路拥塞问题。

参 考 文 献

[1] Pervaiz H, Imran M A, Mumtaz S, et al. Editorial: Spectrum extensions for 5G and beyond 5G networks. Transactions on Emerging Telecommunications Technologies, 2018, 29(10): 3519-3529.

[2] Zhang Z S, Wang X Y, Long K P, et al. Large-scale MIMO-based wireless backhaul in 5G networks. IEEE Wireless Communications, 2015, 22(5): 58-66.

[3] Xiao M, Mumtaz S, Huang Y M, et al. Millimeter wave communications for future mobile networks.

IEEE Journal on Selected Areas in Communications, 2017, 35(9): 1909-1935.

[4] Zhang X C, Gu W D, Zhang H J, et al. Hybrid communication path orchestration for 5G heterogeneous ultra-dense networks. IEEE Network, 2019, 33(4):112-118.

[5] Zhang Z Q, Ma Z, Xiao M, et al. Two-timeslot two-way full-duplex relaying for 5G wireless communication networks. IEEE Transactions on Communications, 2016, 64(7): 2873-2887.

[6] Ali M, Qaisar S, Naeem M, et al. Joint user association and power allocation for licensed and unlicensed spectrum in 5G networks. Proceedings of IEEE Global Communications Conference, Singapore, 2017: 1-6.

[7] Zhang Z Q, Ma Z, Xiao M, et al. Modeling and analysis of non-orthogonal MBMS transmission in heterogeneous networks. IEEE Journal on Selected Areas in Communications, 2017, 35(10): 2221-2237.

[8] Guey J C, Liao P K, Chen Y S, et al. On 5G radio access architecture and technology. IEEE Wireless Communications, 2015, 22(5): 2-5.

[9] Small Cell Forum. Backhaul technologies for small cells: Use cases, requirements and solution. [2018-07-11]. https://www.scf.io/en/documents/049_Backhaul_technologies_for_small_cells.php.

[10] Bladsjo D, Hogan M, Ruffini S. Synchronization aspects in LTE small cells. IEEE Communications Magazine, 2013, 51(9): 70-77.

[11] Zhang Z Q, Ma Z, Xiao M, et al. Full-duplex device-to-device-aided cooperative non-orthogonal multiple access. IEEE Transactions on Vehicular Technology, 2017, 66(5): 1.

[12] Doppler K, Ribeiro C B, Kneckt J. Advances in D2D communication: Energy efficient service and device discovery radio. Proceedings of the 2nd International Conference on Wireless Communication, Vehicular Technology, Information Theory and Aerospace and Electronic Systems Technology, Chennai, 2011: 1-6.

[13] Takahashi T, Yamamoto H, Fukumoto N, et al. Complex event processing to detect congestions in mobile network. Proceedings of the 16th International Conference on Advanced Communication Technology, Pyeongchang, 2014: 900-906.

[14] Feng D Q, Lu L, Yuan W Y, et al. Device-to-device communications underlaying cellular networks. IEEE Transactions on Communications, 2013, 61(8): 3541-3551.

[15] Chuzhoy J, Naor J. New hardness results for congestion minimization and machine scheduling. Journal of the Association for Computing Machinery, 2006, 53(5): 707-721.

第 2 章　密集家庭基站网络下行链路中的低复杂度资源管理

2.1　引　　言

随着移动数据传输的指数级增长，无线通信网络在有限能量效率范围内的数据性能急需提升[1]。显然，不断增长的能源成本将给移动运营商带来巨大的运营成本(operational expense, OPEX)；另外，有限的电池资源也不能满足大数据速率的要求。在此背景下，人们提出了绿色通信的概念，以开发环境友好、节能的未来无线通信技术。因此，追求高系统能量效率将成为下一代无线通信设计的趋势。

在过去的几十年里，研究人员为提高系统频谱效率和减少干扰做了大量的工作。在文献[2]中，作者提出了一种用于蜂窝网络的机会分布式功率控制算法，仿真结果表明，该算法大大提高了系统的吞吐量。在文献[3]中，作者为减轻小蜂窝网络的协同干扰，提出了一种综合考虑调制和编码方案、子信道和功率分配的分散模型，仿真结果表明，该模型可以提高用户的中断率和系统的吞吐量。在文献[4]中，作者引入了一种动态联合子信道分配和功率控制的方案，从而使总传输功率和小区间干扰最小化，同时满足家庭蜂窝网络中给定的数据速率要求。

能量效率以比特和焦耳为单位进行测量，定义为传输所使用的每个单位能量所传递的比特数[5]。针对能量效率，在文献[6]中，作者提出了一种通过分布式功率控制来优化系统能量效率的非合作博弈，但其复杂性较高。在文献[7]中，作者提出了一种低复杂度的节能子信道分配方案，但该方案不考虑相邻元素的干扰。除了节能资源管理之外，还有其他节能的新技术，如新的物理层技术、异构网络等[8]。家庭基站是异构网络的重要组成部分，终端用户通过安装家庭基站来增强室内覆盖。由于这种部署策略使发射机更接近接收机，降低了穿透损耗和路径损耗，可以节省传输能量。因此，高效的资源分配与家庭基站技术具有广阔的应用前景。

本章研究家庭基站网络中数据传输路线的能量效率优化问题。将功率控制建模为非合作博弈，为降低穷举搜索最优功率分配的复杂性和时间消耗，如前面工作[9]所研究的那样，得到了一个闭型最优功率控制响应。针对子信道分配问题，提出了一种基于指数加权低通滤波器的公平的时间平均子信道分配度量方法。最后介绍了一种分布式子信道分配和功率控制算法，仿真结果表明，所提出的低复杂度算法与循环调度(round-robin scheduling, RRS)和非合作节能功率优化(noncooperative energy-efficient power optimization, NEEPO)算法相比，能量效率损失较小[6]。

2.2 系统模型和问题建模

2.2.1 系统模型

图 2-1 为本章考虑的场景，在矩形区域密集部署 B 个家庭基站网络。本章所考虑的家庭基站(femtocell base station, FBS)处于封闭用户群(closed subscriber group, CSG)模式，即移动站(mobile station，MS)不是封闭用户群的成员，不允许访问封闭用户群家庭基站。

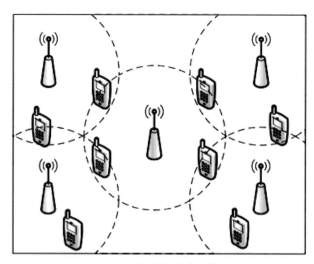

图 2-1 密集的蜂窝网络

家庭基站部署在现有的宏蜂窝网络上，并与宏蜂窝完全或部分共享相同的频率。为了保证宏蜂窝用户的服务质量(quality of service, QoS)，我们将专用子信道分配给家庭基站，以避免跨层干扰。该系统中所有家庭基站均在同一频带上工作，其索引为 $k \in \kappa = \{1, 2, \cdots, K\}$，服务的家庭基站可以完全获得信道状态信息。假设每个正交频分多址(orthogonal frequency division multiple access, OFDMA)帧由一个正交频分复用(orthogonal frequency division multiplexing, OFDM)符号组成，t 表示 OFDM 符号时间。

令 $\psi = \{1,2,3,\cdots,B\}$ 表示系统中的家庭基站。B 个家庭基站中分布有 M 个移动站，用 $m \in \{1,2,\cdots,M\}$ 表示。第 b 个家庭基站中各移动站的指标集为 U_b，$U_b \bigcap U_{b'} = \varnothing$，其中 $b \neq b', \forall b, b' \in \psi$ 和 $U_0 \bigcup U_1 \bigcup \cdots \bigcup U_B = M$。设 $C_{b,m}[t]$ 表示第 m 个移动站在第 b 个家庭基站中占用的子信道索引集。

对于第 b 个家庭基站中的移动站 m，其他家庭基站在 t 帧对子信道 k 的干扰可表示为

$$I_{b,m}^k[t] = \sum_{i \in \psi, i \neq b} p_i^k[t]g_{i,m}^k[t] + \sigma^2 \tag{2-1}$$

式中，$p_i^k[t]$ 为第 i 个家庭基站在第 t 帧子信道 k 上的发射功率；$g_{i,m}^k[t]$ 为第 i 个家庭基站与第 m 个移动站在第 t 帧子信道 k 上的信道增益。加性高斯白噪声(additive white Gaussian noise, AWGN)的方差在第 b 个家庭基站中的值为 σ^2。

子信道 k 上第 b 个家庭基站与第 m 个移动站链路的信号与干扰加噪声比(signal to interference plus noise ratio, SINR)可表示为

$$r_{b,m}^k[t] = \frac{p_b^k[t]g_{b,m}^k[t]}{I_{b,m}^k[t]} \tag{2-2}$$

根据香农容量公式，第 b 个家庭基站中第 m 个移动站占据子信道 k 的理想可达数据率可表示为

$$R_{b,m}^k[t] = w\log_2(1 + r_{b,m}^k[t]) \tag{2-3}$$

式中，w 为各子信道的带宽；$r_{b,m}^k[t]$ 由式(2-2)给出。

2.2.2　问题建模

我们专注于通过有效的子信道分配和功率控制来实现整个系统的能量效率最大化。在之前的工作[9]中，我们将其定义为即时数据速率与即时传输功率和每个子信道的电路功率之比。然而，由于每个子信道的发射功率很难得到一个封闭解，搜索最优发射功率的复杂性和时间消耗很大。

为了解决上述问题，本章引入指数加权低通滤波器[10]，得到第 b 个家庭基站在 t 帧的平均数据速率，可以表示为[7]

$$T_b[t] = (1-\lambda)T_b[t-1] + \lambda \sum_{m \in U_b} \sum_{k \in C_{b,m}[t]} a_{b,m}^k[t]R_{b,m}^k[t] \tag{2-4}$$

式中，$T_b[t]$ 是第 b 个家庭基站在 t 帧处估计的数据速率值；λ 是一个平滑因子，满足 $0 < \lambda < 1$。子信道分配指标 $a_{b,m}^k[t]$ 满足：

$$\sum_{m \in U_b} a_{b,m}^k[t] \leqslant 1, \quad a_{b,m}^k[t] \in \boldsymbol{A} \in \{0,1\}^{B \times M \times K} \tag{2-5}$$

式(2-5)中的约束意味着在每个家庭基站中一个子信道只能被一个用户占用。式中，A 为子信道分配矩阵；$a_{b,m}^k[t]=1$，若第 b 个家庭基站通过子信道 k 传输给第 m 个移动站，则为零。

同理，第 b 个家庭基站在 t 帧下的平均功率可以写成

$$P_b[t] = (1-\lambda)P_b[t-1] + \lambda\left(\sum_{k=1}^{K} p_b^k[t] + p_c\right) \tag{2-6}$$

式中，p_c 为家庭基站电路功率。

第 b 个家庭基站的能量效率为

$$e_b[t] = \frac{(1-\lambda)T_b[t-1] + \lambda\sum_{m\in U_b}\sum_{k\in C_{b,m}[t]} a_{b,m}^k[t]R_{b,m}^k[t]}{(1-\lambda)P_b[t-1] + \lambda\left(\sum_{k=1}^{K} p_b^k[t] + p_c\right)} \tag{2-7}$$

整个系统的能量效率为

$$E[t] = \sum_{b=1}^{B} e_b[t] \tag{2-8}$$

我们的目标是最大限度地提高整个系统的能量效率，即

$$\max E[t], \quad \text{s.t.} p_b^k[t] > 0 \tag{2-9}$$

式(2-9)是一个复杂约束非凸问题。首先，$E[t]$ 在 $p_b^k[t]$ 值上是非凹的，搜索全局最优解是一个耗时的过程。其次，集中式调度需要掌握完整的网络信息，这产生了非常昂贵的开销。与集中式调度相比，家庭基站在分布式资源分配方面拥有更多自主权。在分布式调度中，博弈论是一种有效的决策工具。

通常，寻找联合功率和子信道分配的最优解是 NP-hard 的。为了降低计算复杂度，我们将式(2-9)分解为两个子问题，即子信道分配和功率控制。

2.3　低复杂度功率控制

本节将式(2-9)的问题表述为一个非合作博弈，以分布式方式解决式(2-9)的功率控制问题。非合作博弈在无线网络资源分配中得到了广泛的应用。

2.3.1　非合作博弈

根据博弈论，非合作时均功率分配(non-cooperative time-averaged power allocation, NTPA)可以建模为 $G = [\{u_b\}, \{\boldsymbol{p}_b[t]\}, \{f_b\}], b\in\psi$。$\{u_b\} = \{u_1, u_2, \cdots, u_B\}$ 表

示参与者的集合，即代表 B 个家庭基站。$\{\boldsymbol{p}_b[t]\}=\{\boldsymbol{p}_1[t], \boldsymbol{p}_2[t], \cdots, \boldsymbol{p}_B[t]\}$ 为参与者可行的策略，其中，$\boldsymbol{p}_b[t]=\{p_b^1[t], p_b^2[t], \cdots, p_b^K[t]\}$。$f_b$ 是效用函数的集合，效用函数 f_b 可表示为

$$f_b(\boldsymbol{p}_b[t], \boldsymbol{p}_{-b}[t]) = e_b[t] = \frac{T_b[t]}{P_b[t]} \tag{2-10}$$

式中，$\{\boldsymbol{p}_{-b}[t]\}=\{\boldsymbol{p}_1[t], \cdots, \boldsymbol{p}_{b-1}[t], \boldsymbol{p}_{b+1}[t], \cdots, \boldsymbol{p}_B[t]\}$ 表示除了 u_b 以外其他参与者的能量矢量。

与传统的频谱效率优化不同，式(2-10)中，分母 $P_b[t]$ 表示隐含的惩罚，以避免参与者在非合作博弈的情况下独自增加其传输功率以追求吞吐量的最大化。

定义 2-1　给定 $\boldsymbol{p}_{-b}[t]$，参与者 u_b 的最佳功率分配响应为

$$\boldsymbol{p}_b[t]=\arg\max_{\boldsymbol{p}_b[t]} f_b(\boldsymbol{p}_b[t], \boldsymbol{p}_{-b}[t]) \tag{2-11}$$

2.3.2　纳什均衡点的存在性

在非合作博弈中，参与者自主选择最合适的策略以获得最佳反应。由式(2-11)可知，参与者 u_b 的最佳反应由 $\boldsymbol{p}_b[t]$ 和 $\boldsymbol{p}_{-b}[t]$ 决定。

定义 2-2　给定的功率分配策略 $\boldsymbol{p}^*[t]=\{\boldsymbol{p}_1^*[t], \cdots, \boldsymbol{p}_b^*[t], \cdots, \boldsymbol{p}_B^*[t]\}$ 为非合作博弈理论中的纳什均衡(Nash equilibrium, NE)点，如果对于 $\forall b\in\psi$，可以满足以下不等式[11]：

$$f_b(\boldsymbol{p}_b^*[t], \boldsymbol{p}_{-b}^*[t]) \geqslant f_b(\boldsymbol{p}_b'[t], \boldsymbol{p}_{-b}^*[t]) \tag{2-12}$$

在 NE 点，没有参与者可以通过单方面改变其发射功率来提高它们的效用。

定理 2-1　如果博弈 G 中存在一个纳什均衡点，则需要满足以下条件。

(1) $\boldsymbol{p}_b[t]$ 是欧氏空间 R^B 中的非空凸紧子集。

(2) f_b 在 $\boldsymbol{p}_b[t]$ 中是连续的、准凹的。

条件(1)很容易满足，条件(2)的证明如下。

基于文献[12]中提出的命题，f_b 是严格拟凹的当且仅当上轮廓集设置为

$$\Gamma_n(f_b, \eta) = \{\boldsymbol{p}_b[t] \geqslant 0 \,|\, f_b(\boldsymbol{p}_b[t] \geqslant \eta)\} \tag{2-13}$$

对所有的 $\eta\in\mathbb{R}$ 都是严格凸的。

证明：如果 $\eta < 0$，上轮廓集为空；如果 $\eta = 0$，则集合中只有 0；如果 $\eta > 0$，式(2-13)等效于

$$\begin{aligned}
\Gamma_n(f_b, \eta) &= \{\boldsymbol{p}_b[t] \geqslant 0 \,|\, f_b(\boldsymbol{p}_b[t] \geqslant \eta)\} \\
&= \left\{\boldsymbol{p}_b[t] \geqslant 0 \,\middle|\, \lambda R(\boldsymbol{p}_b[t]) - \eta\lambda\sum_{k=1}^{K} p_b^k[t] + C \geqslant 0\right\}
\end{aligned} \tag{2-14}$$

式中，$R(\boldsymbol{p}_b[t]) = \sum\limits_{m \in U_b} \sum\limits_{k \in C_{b,m}[t]} a_{b,m}^k[t] R_{b,m}^k(p_k^k[t])$；$C = (1-\lambda)T_b[t-1] - \lambda(1-\lambda)P_b[t-1] -$ $\eta\lambda p_c$。

由式(2-1)、式(2-2)、式(2-3)可知，$R_{b,m}^k(p_b^k[t])$ 对于 $p_b^k[t]$ 是严格凹的。因此，$R(\boldsymbol{p}_b[t])$ 对于 $\boldsymbol{p}_b[t]$ 是严格凹的。显然，上轮廓集 $\Gamma_n(f_b, \eta)$ 是严格凸的。

由于 f_b 是严格拟凹的，给定干扰功率向量 $\boldsymbol{p}_{-b}[t]$，唯一最优功率 $\hat{\boldsymbol{p}}_b[t] = (\hat{p}_b^1[t], \hat{p}_b^2[t], \cdots, \hat{p}_b^K[t])$ 始终存在，且 $\hat{p}_b^k[t](k \in \{1,2,\cdots,K\})$ 由下式得

$$\frac{\partial f_b}{\partial \hat{p}_b^k[t]} = 0 \tag{2-15}$$

如果 λ 近似为零，$\hat{p}_b^k[t]$ 满足：

$$\hat{p}_b^k[t] = \left[\frac{w}{e_b[t-1]\log_2 2} - \frac{\sigma^2 + \sum\limits_{m \in U_b} a_{b,m}^k[t] I_{b,m}^k[t]}{\sum\limits_{m \in U_b} a_{b,m}^k[t] g_{b,m}^k[t]} \right]_0^{P_{\max}} \tag{2-16}$$

式中，子信道分配指标 $a_{b,m}^k[t]$ 满足 $\sum\limits_{m \in U_b} a_{b,m}^k[t] \leqslant 1$。

由式(2-16)可知，$\hat{p}_b^k[t]$ 的值由 $e_b[t-1]$、$I_{b,m}^k[t]$ 和 $g_{b,m}^k[t]$ 决定，并表示为封闭形式，与需要穷举搜索的迭代解相比，可以降低复杂度。如文献[7]中所述，当 λ 近似为零时，$\hat{p}_b^k[t]$ 几乎是全局最优的。

式(2-1)中，$I_{b,m}^k[t]$ 是 $\boldsymbol{p}_{-b}[t]$ 的函数，最优解 $\hat{p}_b^k[t]$ 受到其他参与者所选择的策略的影响。因此，一个参与者在策略上的改变将会影响其他所有参与者的最优解，这导致了一个新的迭代过程来寻找最佳策略，直到达到一个稳定的状态，即纳什均衡点。

2.4　公平的平均时间子信道分配

本节研究基于文献[7]中方法的子信道分配方案，这是一种复杂度较低的多用户单小区子信道分配方案，但由于小区间的干扰，该方案不能用于多小区场景。

在此基础上，本节提出了一种分布式子信道分配方案。家庭基站之间没有信息交换。第 b 个家庭基站中所有移动站的总能量效率最大可表示为

$$\max \sum\limits_{m \in U_b} e_{b,m}[t] \tag{2-17}$$

第 b 个家庭基站中第 m 个移动站的能量效率为

$$e_{b,m}[t] = \frac{(1-\lambda)T_{b,m}[t-1] + \lambda \sum\limits_{k \in C_{b,m}[t]} a_{b,m}^k[t]R_{b,m}^k[t]}{(1-\lambda)P_{b,m}[t-1] + \lambda \left\{ \sum\limits_{k \in C_{b,m}[t]} p_{b,m}^k[t] + p_c \right\}} \qquad (2\text{-}18)$$

考虑到公平原则，即避免 $e_{b,m}[t]=0$，我们引入第 b 个家庭基站中所有移动站能量效率的几何平均，称为公平子信道分配。那么式(2-17)可以写成

$$\max \sum_{m \in U_b} \log_2(e_{b,m}[t]) \qquad (2\text{-}19)$$

在 t 时刻，由于 $e_{b,m}[t-1]$ 的值是固定的，式(2-19)的解为

$$\max \sum_{m \in U_b} \{\log_2(e_{b,m}[t]) - \log_2(e_{b,m}[t-1])\} \qquad (2\text{-}20)$$

将式(2-18)代入式(2-20)，若式(2-18)中的平滑因子 λ 接近于零，则最优目标式(2-20)可简化为

$$\max \sum_{m \in U_b} \{\log_2(e_{b,m}[t]) - \log_2(e_{b,m}[t-1])\}$$

$$= \max A_b(m,k) \qquad (2\text{-}21)$$

式中，$A_b(m,k) = \dfrac{\hat{R}_{b,m}^k[t](\hat{p}_{b,m}^k[t])}{T_{b,m}[t-1]} - \dfrac{\hat{p}_{b,m}^k[t]}{P_{b,m}[t-1]}$。通过式(2-16)，$\hat{p}_{b,m}^k[t]$ 是已知的。$\hat{R}_{b,m}^k[t](\hat{p}_{b,m}^k[t])$ 是关于 $\hat{p}_{b,m}^k[t]$ 的最佳数据速率。由于 $T_{b,m}[t-1]$ 和 $P_{b,m}[t-1]$ 是固定的，$A_b(m,k)$ 由 $\hat{p}_{b,m}^k[t]$ 决定。推导的细节可以在文献[7]中找到。

为了解决式(2-19)的问题，将子信道 $k(k \in \{1,2,\cdots,K\})$ 分配给第 b 个家庭基站中的用户 m，如果满足以下条件，则为 $\forall m' \neq m(m,m' \in U_b)$。

$$a_{b,m}^k[t] = \begin{cases} 1, & A_b(m,k) \geqslant A_b(m',k) \\ 0, & \text{其他} \end{cases} \qquad (2\text{-}22)$$

2.5　分布式资源分配算法

本节介绍一种分布式子信道分配和功率控制算法。在式(2-16)、式(2-21)中，子信道分配度量 $A_b(m,k)$ 由 $\hat{p}_{b,m}^k[t]$ 确定，受干扰功率 $I_{b,m}^k[t]$ 的影响。基于以上分析，在进行子信道分配之前，首先对各子信道进行平均分配。其次，提出一种基于式(2-22)的次优子信道分配算法。最后，给出一种低复杂度的分布式功率控制算法。具体过程见算法 2-1。

算法 2-1　资源分配算法

1. 在接下来的过程中，变量 b 是固定的。
2. 初始：将第 b 个家庭基站的传输功率平均分配给每个子信道。
3. 步骤 1：第 b 个家庭基站按照式(2-22)将子信道分配给移动站。
4. 步骤 2：对于每个子信道的发射功率，第 b 个家庭基站通过式(2-16)更新其策略以响应其他家庭基站策略的变化，直到达到纳什均衡点或规定的最大迭代时间。
5. 步骤 3：分别对所有移动站更新式(2-7)和式(2-18)。为下一帧返回到步骤 1。

2.6　仿真结果与分析

本节将对所提出的算法进行仿真，并对循环调度和非合作节能功率优化算法[6]进行仿真，与所提算法进行比较。

在仿真过程中采用蒙特卡罗方法，开发了基于 MATLAB 的仿真器对体验环境进行建模。在仿真中，B 个家庭基站随机分布在密集区域，网络拓扑如图 2-1 所示。信道衰落模型为瑞利随机变量，平均方差为 1。除信道衰落外，信道增益包括路径损耗和天线增益。仿真参数如表 2-1 所示，其中 $\mu = 2 \times 10^{-4}$ [13]。

表 2-1　仿真参数

参数	数值
家庭基站半径 r	10m
载波频率 f_c	2GHz
系统带宽 ω	2MHz
子信道数 N	10
家庭基站的最大发射功率 p_{max}	23dBm
电路功率 p_c	100mW
家庭基站用户的信道增益	μd^{-4}

我们根据不同的 λ 值来研究系统的能量效率。图 2-2 给出了基于已分配子信道的平均能量效率。在本场景中，每个家庭基站的移动站数为 6。在降低复杂性方面，与最大化瞬时能量效率的 NEEPO 算法相比，该方法具有更大的可行性，提出的非合作时均功率分配方案在能量效率方面有折扣。由图 2-2 可知，当

$\lambda = 0.05$ 时，NTPA 的能量效率损失小于 5%。

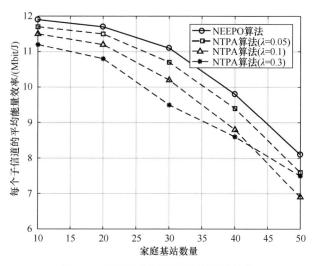

图 2-2　基于已分配子信道的能量效率

　　图 2-3 对比了所提算法与 RRS 算法和 NEEPO 算法各子信道的平均能量效率。随着每个家庭基站的用户数量的增加，我们注意到平均能量效率有了很大的提高。由于家庭基站中用户数量较多，可以制定更有效的子信道分配策略。另外，能量效率值随着家庭基站数量的增加而降低，系统中部署的家庭基站越多，会产生越严重的干扰。与 RRS 算法和 NEEPO 算法相比，所提出的资源分配算法能量效率损失约为 8%。

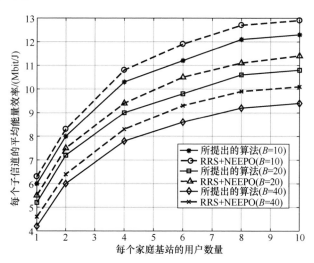

图 2-3　$\lambda = 0.1$ 时各子信道平均能量效率

2.7 总　　结

本章研究了密集家庭基站网络下行链路中子信道分配和功率控制的能量效率优化问题。将功率控制问题建模为一个非合作博弈。在指数加权低通滤波器的基础上，得到了功率分配的最佳响应的闭合解和公平的时均子信道分配度量。提出了一种分布式子信道分配和功率控制算法，降低了算法的复杂度。仿真结果表明，与 RRS 算法和 NEEPO 算法相比，该算法具有较低的复杂度，但以牺牲能量效率为代价。未来，家庭基站网络的频率选择信道中基于能量效率的资源分配将会被探讨。

参 考 文 献

[1] Li G Y, Xu Z, Xiong C, et al. Energy-efficient wireless communications: Tutorial, survey, and open issues. IEEE Wireless Communications, 2011, 18(6): 28-35.

[2] Leung K K, Sung C W. An opportunistic power control algorithm for cellular network. IEEE/ACM Transactions on Networking, 2006, 14(3): 470-478.

[3] Ladanyi A, Lopez-Perez D, Juttner A, et al. Distributed resource allocation for femtocell interference coordination via power minimisation. Proceedings of 2011 IEEE GLOBECOM Workshops, Houston, 2011: 744-749.

[4] Lopez-Perez D, Chu X L, Zhang J. Dynamic downlink frequency and power allocation in OFDMA cellular networks. IEEE Transactions on Communications, 2012, 60(10): 2904-2914.

[5] Himayat N, Bormann D. Energy-efficient design in wireless OFDMA. Proceedings of 2008 IEEE International Conference on Communications, Beijing, 2008: 1-5.

[6] Miao G W, Himayat N, Li G Y, et al. Distributed interference-aware energy-efficient power optimization. IEEE Transactions on Wireless Communications, 2011, 10(4): 1323-1333.

[7] Miao G W, Himayat N, Li G Y, et al. Low-complexity energy-efficient scheduling for uplink OFDMA. IEEE Transactions on Wireless Communications, 2012, 60(1): 112-120.

[8] Feng D Q, Jiang C Z, Lim G B, et al. A survey of energy-efficient wireless communications. IEEE Communications Surveys & Tutorials, 2013, 15(1): 167-178.

[9] Zhang Z C, Zhang H J, Zhao Z M, et al. Low complexity energy-efficient resource allocation in down-link dense femtocell networks. Proceedings of IEEE International Symposium on Personal Indoor & Mobile Radio Communications, London, 2013: 1650-1654.

[10] Hunter J S. The exponentially weighted moving average. Journal of Quality Technology, 1986, 18(4): 203-207.

[11] Fudenberg D, Tirole J. Game theory. Economica, 1992, 60(238): 841-846.

[12] Wolfstetter E. Topics in Microeconomics: Industrial Organization, Auctions, and Incentives. Cambridge: Cambridge University Press, 1999.

[13] Chandrasekhar V, Andrews J G, Muharemovic T, et al. Power control in two-tier femtocell networks. IEEE Transactions on Wireless Communications, 2009, 8(8): 4316-4328.

第 3 章　非正交多址小蜂窝网络的局部合作干扰抑制：一种势博弈方法

3.1　引　　言

在第五代(5th generation, 5G)通信网络中，非正交多址接入(non-orthogonal multiple access, NOMA)被认为是在有限带宽资源内提供大规模连接的有前景的技术[1]。NOMA 与传统正交多址接入(orthogonal multiple access, OMA)之间的主要区别在于，NOMA 系统允许具有不同功率的多个用户在同一子信道上进行复用。通过在接收机处启用串行干扰消除(successive interference cancellation, SIC)，可以正确解码不同用户的叠加信号，从而显著提高频谱效率。

文献[2]中的工作引入了 NOMA 技术来提高小区边缘用户的吞吐量性能。基于匹配理论算法，文献[3]～文献[6]分别讨论了 NOMA 网络的子信道分配和用户调度，以实现总速率和能量效率的最大化。文献[7]中，研究了 NOMA 与组播认知无线电网络之间的相互作用，并提出了一种辅助网络协同访问频谱的动态方案。文献[8]中的安全通信、文献[9]中的异构网络和文献[10]中的雾无线电接入网络(fog radio access network, F-RAN)都利用了 NOMA 的潜力来提高系统性能。

另外，在超密集网络的趋势下，小型蜂窝网络(small cellular networks, SCN)的干扰抑制仍然是近年来的热门话题。随着网络变得越来越密集，分布式优化方法变得比传统的集中式优化方法更为优越，因为以分布式方式分配资源所需的信息交换开销要小得多。在分布式干扰抑制的背景下，博弈论证明了其在研究独立小蜂窝基站(small base station, SBS)之间的相互作用以及分析网络平衡方面的有效性[11,12]。文献[13]中的工作考虑了一个多用户小型蜂窝网络，其中将干扰抑制问题表述为图形游戏，并提出了一种分布式频谱访问算法。在文献[14]中，制定了一个局部合作博弈来联合分析功率分配和用户调度问题，并提出了一种有效的分布式算法来减轻小区间干扰。

尽管最近的一些工作已经解决了 NOMA 系统中的子信道分配问题和分布式干扰抑制问题，但是探索 NOMA 技术在减轻小型蜂窝网络干扰的潜力方面的工作很少。理所当然地，NOMA 符合解决传统频谱访问问题的基本思路，就是希望减少选择相同子信道的相邻小蜂窝基站的数量[13]。例如，通过机会性地应用

NOMA 并在一个子信道上复用不同的用户,小蜂窝基站可以释放其对其他子信道的占用,从而消除其对那些子信道上邻近小蜂窝基站的干扰。因此,以干扰抑制为目的,尤其是以分布式方式,研究将 NOMA 与子信道分配相集成的有效策略是很有吸引力的。

本章将考虑具有 NOMA 增强功能的小型蜂窝网络中的分布式干扰抑制问题。我们的目标是使网络中所有用户的总干扰最小化,为此,我们在相邻小蜂窝基站之间引入了局部合作。该博弈被证明是一个严格势博弈,其势函数是小区之间和小区内部的总干扰。因此,至少存在一个博弈的纳什均衡,并且可以应用标准最佳响应(best response, BR)算法向纳什均衡收敛。我们证明了标准最佳响应允许扩展到并发形式,这大大提高了收敛速度。仿真结果表明,在小型蜂窝网络中启用 NOMA 可以抑制总干扰。此外,NOMA 技术在高密度网络中比低密度网络中更有吸引力。

3.2　系统模型和问题建模

3.2.1　系统模型

我们考虑由 N 个小蜂窝基站组成的小型蜂窝网络的下行链路传输,如图 3-1 所示。所有小蜂窝基站在相同的频谱上工作,并且均匀地划分为 M 个子信道。我们将小蜂窝基站集合表示为 $\mathscr{N} = \{\mathrm{SBS}_1,\cdots,\mathrm{SBS}_n,\cdots,\mathrm{SBS}_N\}$,并将子信道集合表示为 $\mathscr{M} = \{\mathrm{CH}_1,\cdots,\mathrm{CH}_m,\cdots,\mathrm{CH}_M\}$。与 SBS_n 相关联的用户设备(user equipment, UE)

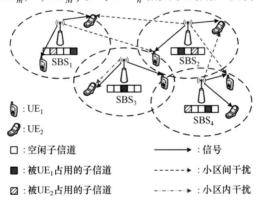

图 3-1　NOMA 增强型小型蜂窝网络的一个例子

其中所有小蜂窝基站都与两个用户设备相关联:①SBS_1、SBS_2 和 SBS_4 应用 OMA,因此每个基站都占用两个子信道,而 SBS_3 应用 NOMA,并且只占用一个子信道;②由于公共子信道占用,在 SBS_1 和 SBS_2 之间以及 SBS_2 和 SBS_4 之间存在不对称的小区间干扰;③SBS_3 的 UF_2 受到由 NOMA 引入的小区内干扰,而不是小区间干扰,因为没有其他小蜂窝基站在相同的子信道上传输

集合表示为 $\kappa_n = \{UE_{n,1}, \cdots, UE_{n,k}, \cdots, UE_{n,K_n}\}$，其中 $UE_{n,k}$ 是 SBS_n 的第 k 个用户设备。假设所有用户设备都配备有串行干扰消除接收机，并且每个小蜂窝基站可以独立地选择 OMA 或 NOMA 来服务于其相关联的用户设备。NOMA 技术有助于减少服务于小蜂窝基站的用户设备所需的子信道数量。以 $K_n = 2$ 为例，在传统的正交多址系统中，SBS_n 需要两个子信道来服务其相关联的用户设备，而 NOMA 系统只需要一个子信道。为了降低串行干扰消除接收机的计算复杂度，本章将可以在同一子信道上复用的用户设备的最大数量限制为两个。

3.2.2　小区间干扰

用 p_n 表示 SBS_n 在其占用的每个子信道上的发射功率。由 SBS_i 发射并由 $UE_{n,k}$ 接收的信号的功率被建模为 $p_i d_{i,n,k}^{-\alpha}$，其中 $d_{i,n,k}^{-\alpha}$ 是从 SBS_i 到 $UE_{n,k}$ 在传播距离 $d_{i,n,k}$ 上的信道功率增益，而 $\alpha > 2$ 是路径损耗指数。为了表征两个 SBS 之间的干扰效果，我们采用了干扰度量(interference measurement, IM)的概念[14]，定义为

$$I_m(i,n) = \frac{1}{K_n} \sum_{k=1}^{K_n} \frac{p_i d_{i,n,k}^{-\alpha}}{p_n d_{n,n,k}^{-\alpha}} \tag{3-1}$$

式中，$d_{n,n,k}$ 是用户设备 $UE_{n,k}$ 的传输链路距离；$I_m(i,n)$ 表示从 SBS_i 到 SBS_n 的归一化干扰度量的平均值。此外，其他路径损耗模型也可以用于构造式(3-1)中的干扰度量。基站 SBS_n 的用户设备可以测量基站 SBS_i 发射的参考信号的接收功率，然后向基站 SBS_n 报告。因此，通过必要的信息交换，某个小蜂窝基站可以从其他小蜂窝基站获得干扰度量。

由于小蜂窝基站在空间上分散并且小型蜂窝网络中的发射功率通常较低，所以一个小蜂窝基站的发射信号仅干扰其相邻小蜂窝基站的用户设备。因此，我们引入干扰图 $G_{IM} = \{\mathcal{N}, \mathcal{E}\}$ 来描述小蜂窝基站的潜在干扰关系[13-15]，其中小蜂窝基站集合 $\mathcal{N}$ 构成顶点集，$\mathcal{E}$ 是边缘集。G_{IM} 是基于干扰度量构造的，即如果 $I_m(i,n)$ 大于预定干扰阈值 I_{th}，则从 SBS_i 到 SBS_n 的方向存在边缘干扰效应 (i,n)，这意味着 SBS_i 的干扰效应在 SBS_n 中不可忽略。对此我们可以得出：$\mathcal{E} = \{(i,n) | SBS_i \in \mathcal{N}, SBS_n \in \mathcal{N}, I_m(i,n) \geqslant I_{th}\}$。由于 SBS_i 和 SBS_n 之间的非对称干扰关系，我们定义 $\mathcal{J}_n = \{SBS_i | SBS_i \in \mathcal{N}, (i,n) \in \mathcal{E}\}$ 来表示对 SBS_n 造成不可忽略干扰的小蜂窝基站集合，定义 $\mathcal{Z}_n = \{SBS_i | SBS_i \in \mathcal{N}, (n,i) \in \mathcal{E}\}$ 来表示受 SBS_n 干扰的小蜂窝基站集合。

$\mathcal{J}_n$ 和 $\mathcal{Z}_n$ 决定了 SBS_n 与其附近小蜂窝基站之间的潜在干扰关系。但是，除非在 $\mathcal{J}_n$ 中有两个或多个小蜂窝基站选择该子信道，否则在 SBS_n 占用的子信道上不

会发生小区间干扰。用 $a_n = \left\{ \mathrm{CH}_{n,1}, \cdots, \mathrm{CH}_{n,k}, \cdots, \mathrm{CH}_{n,K_n} \right\}$ 表示为每个用户设备指定的 SBS_n 子信道的集合，其中 $\mathrm{CH}_{n,k}$ 是为 $\mathrm{UE}_{n,k}$ 选择的子信道。因此，SBS_n 中所有用户设备的小区间总干扰 $I_{\mathrm{inter}}^{(n)}$ 可通过式(3-2)计算：

$$I_{\mathrm{inter}}^{(n)} = \sum_{k=1}^{K_n} \sum_{i=1}^{|\mathcal{J}_n|} p_i d_{i,n,k}^{-\alpha} \delta(i,n,k) \tag{3-2}$$

式中，$|\cdot|$ 是集合的基数；$\delta(i,n,k)$ 是由下式给出的指示函数：

$$\delta(i,n,k) = \begin{cases} 1, & \mathrm{CH}_{n,k} \in a_i \\ 0, & \mathrm{CH}_{n,k} \notin a_i \end{cases} \tag{3-3}$$

注意，OMA 系统保证 a_n 中每个元素的唯一性，但是 NOMA 系统允许重复元素。

3.2.3　小区内干扰

在下行链路 NOMA 系统中，在一个小蜂窝基站中共享相同子信道的两个用户设备会互相造成小区内干扰，因此在每个用户设备上通过串行干扰消除来解码其所需信号。串行干扰消除的最佳解码顺序是，功率较高的信号应先于功率较低的信号进行解码和消除。另外，小蜂窝基站应该为信道增益较弱的用户设备分配更大的发射功率，以改善其接收信号质量[1]。令 $\mathcal{M}_{\mathrm{NOMA}}^{(n)}$ 为 SBS_n 通过 NOMA 为其用户设备服务的子信道集。用 $\mathrm{UE}_{n,1}^{(m)}$ 和 $\mathrm{UE}_{n,2}^{(m)}$ 表示 SBS_n 内在相同子信道 $\mathrm{CH}_m \in \mathcal{M}_{\mathrm{NOMA}}^{(n)}$ 上复用的两个用户设备。在不失一般性的前提下，我们假设 $\mathrm{UE}_{n,1}^{(m)}$ 比 $\mathrm{UE}_{n,2}^{(m)}$ 具有更强的信道增益。因此，根据上述原理，我们得到：①在 $\mathrm{UE}_{n,1}^{(m)}$ 处，$\mathrm{UE}_{n,2}^{(m)}$ 的接收信号功率较高，可以通过串行干扰消除进行消除，即 $\mathrm{UE}_{n,1}^{(m)}$ 不受小区内干扰；②在 $\mathrm{UE}_{n,2}^{(m)}$ 处，$\mathrm{UE}_{n,1}^{(m)}$ 的接收信号功率较低并且不能被消除，即 $\mathrm{UE}_{n,2}^{(m)}$ 会受到本来发给 $\mathrm{UE}_{n,1}^{(m)}$ 的信号引起的小区内干扰；③在 SBS_n 中仅指定给一个用户设备的子信道上不会发生小区内干扰。

假设根据信道增益将发射功率 p_n 分配给两个用户设备[2]。于是，$\mathrm{UE}_{n,k}^{(m)}$ 的发射功率由式(3-4)给出：

$$p_{n,m,k} = p_n \frac{\left(d_{n,n,m,k}^{-\alpha} \right)^{-\eta}}{\sum_{j=1}^{2} \left(d_{n,n,m,j}^{-\alpha} \right)^{-\eta}} \tag{3-4}$$

式中，$d_{n,n,m,k}$ 表示从 SBS_n 到 $\mathrm{UE}_{n,k}^{(m)}$ 的传输链路距离；$\eta\,(0 \leqslant \eta \leqslant 1)$ 是用于调整用户公平性的衰减因子。因此，SBS_n 中所有用户设备的小区内干扰 $I_{\mathrm{intra}}^{(n)}$ 由式(3-5)

计算：

$$I_{\text{intra}}^{(n)} = \sum_{m=1}^{M_n} p_{n,m,2} d_{n,n,m,2}^{-\alpha} \tag{3-5}$$

式中，$M_n = \left| \mathcal{M}_{\text{NOMA}}^{(n)} \right|$ 是 SBS_n 通过 NOMA 为其用户设备服务的子信道数量。

3.2.4　问题建模

将所有小蜂窝基站的子信道分配策略向量定义为 $\boldsymbol{A} = \{a_1, \cdots, a_n, \cdots, a_N\}$。从减轻干扰的角度出发，我们将网络效用设置为网络中所有用户设备受到的小区间和小区内干扰的负总和，表示为

$$\begin{aligned}
U(\boldsymbol{A}) &= -\sum_{n=1}^{N} \left(I_{\text{inter}}^{(n)} + I_{\text{intra}}^{(n)} \right) \\
&= -\sum_{n=1}^{N} \left(\sum_{k=1}^{K_n} \sum_{i=1}^{|\mathcal{J}_n|} p_i d_{i,n,k}^{-\alpha} \delta(i,n,k) + \sum_{m=1}^{M_n} p_{n,m,2} d_{n,n,m,2}^{-\alpha} \right)
\end{aligned} \tag{3-6}$$

注意，可以在式(3-6)中对 $I_{\text{inter}}^{(n)}$ 和 $I_{\text{intra}}^{(n)}$ 加权，以进一步调整小区间干扰和小区内干扰的权衡。但是由于篇幅所限，本书忽略了有关此权衡的讨论。我们将干扰抑制问题表述为

$$P_1 : \boldsymbol{A}_{\text{opt}} = \arg\max U(\boldsymbol{A}) \tag{3-7}$$

这可以解释为找到最佳子信道分配策略以最小化小区间和小区内的总干扰。

3.3　局部合作博弈与分布式学习算法

我们借助博弈论模型来研究基站间的相互作用，重点研究信息交换需求较低的分布式方法。

3.3.1　局部合作博弈模型

我们将小蜂窝基站的自决性质和干扰关系表述为一个局部合作博弈，表示为

$$\mathcal{G} = \left\{ \mathcal{N}, G_{\text{IM}}, \{\mathcal{A}_n\}_{\text{SBS}_n \in \mathcal{N}}, \{u_n\}_{\text{SBS}_n \in \mathcal{N}} \right\} \tag{3-8}$$

式中，$\mathcal{N} = \{\text{SBS}_1, \cdots, \text{SBS}_N\}$ 是参与者集合；G_{IM} 是描述小蜂窝基站之间相邻关系的干扰图；$\mathcal{A}_n$ 是 SBS_n 的可用操作集；u_n 是 SBS_n 的效用函数。

为了减轻干扰，小蜂窝基站将倾向于最小化其用户设备受到的总干扰。但是，不是以完全自私的方式动作，而是假设每个小蜂窝基站都是局部利他的，并考虑

它对其相邻小蜂窝基站造成的干扰，即SBS_n考虑了$\mathscr{Z}_n$中小蜂窝基站的小区间总干扰。因此我们将SBS_n的效用设为

$$u_n(a_n,a_{-n}) = -\left(I_{\text{inter}}^{(n)} + I_{\text{intra}}^{(n)} + \sum_{SBS_j \in \mathscr{Z}_n} I_{\text{inter}}^{(n)} \right)$$

$$= -\sum_{k=1}^{K_n}\sum_{i=1}^{|\mathscr{J}_n|} p_i d_{i,n,k}^{-\alpha}\delta(i,n,k) - \sum_{m=1}^{M_n} p_{n,m,2}d_{n,n,m,2}^{-\alpha} - \sum_{SBS_j \in \mathscr{Z}_n}\sum_{k=1}^{K_n}\sum_{i=1}^{|\mathscr{J}_i|} p_i d_{i,j,k}^{-\alpha}\delta(i,j,k) \quad (3\text{-}9)$$

式中，$a_n \in \mathscr{A}_n$是SBS_n的操作；a_{-n}是除SBS_n以外的所有小蜂窝基站的操作组合。当从$SBS_j \in \mathscr{Z}_n$报告$I_{\text{inter}}^{(j)}$时，$u_n(a_n,a_{-n})$的其余部分由SBS_n和$\mathscr{J}_n$中的小蜂窝基站的策略确定，即$u_n(a_n,a_{-n}) = u_n\left(a_n, a_{\mathscr{J}_n}\right)$，其中$a_{\mathscr{J}_n}$是$\mathscr{J}_n$中小蜂窝基站的策略组合。从式(3-9)可以看出，$SBS_n$的效用包括两部分：①与$SBS_n$相关的所有用户设备的小区间干扰和小区内干扰；②与所有受到SBS_n干扰的小蜂窝基站相关联的用户设备的小区间总干扰。

最后，局部合作博弈可以等效地表示为

$$\mathcal{G}: \max_{a_n \in \mathscr{A}_n} u_n(a_n,a_{-n}), \quad \forall SBS_n \in \mathcal{N} \quad (3\text{-}10)$$

3.3.2 纳什均衡分析

在上述局部合作博弈中，NOMA极大地扩展了小蜂窝基站的策略空间。因此，研究博弈的纳什均衡以探究其是否具有与传统 OMA 系统类似的稳定状态非常重要[13,14]。

定义 3-1(纳什均衡)　如果任何单个参与者在策略上的单方面偏离都不能改善该参与者的效用，则子信道分配策略组合$\boldsymbol{A}^* = \left\{a_1^*,\cdots,a_n^*,\cdots,a_N^*\right\}$是一个纯策略纳什均衡，即

$$u_n\left(a_n^*,a_{-n}^*\right) \geqslant u_n\left(a_n,a_{-n}^*\right), \quad \forall SBS_n \in \mathcal{N}, \forall a_n \in \mathscr{A}_n, a_n \neq a_n^* \quad (3\text{-}11)$$

任何纳什均衡都是博弈中的一种稳定状态，因为没有参与者有动机去改变其当前的状态。接下来，我们利用文献[16]中的势博弈论来证明纳什均衡的存在。

定理 3-1　公式化博弈$\mathcal{G}$是一个严格势博弈，它至少具有一个纯策略纳什均衡。此外，问题P_1的解$\boldsymbol{A}_{\text{opt}}$也是$\mathcal{G}$的一个纳什均衡。

证明：我们从构造一个势函数开始，即

$$\Phi(a_n,a_{-n}) = -\sum_{l=1}^{N}\left(I_{\text{inter}}^{(l)}(a_n,a_{-n}) + I_{\text{intra}}^{(l)}(a_n,a_{-n}) \right) \quad (3\text{-}12)$$

式中，$I_{\text{inter}}^{(l)}\left(a_n, a_{-n}\right)$ 和 $I_{\text{intra}}^{(l)}\left(a_n, a_{-n}\right)$ 是当 SBS_n 选择动作 a_n 且其他小蜂窝基站选择动作组合 a_{-n} 时，SBS_l 的所有用户设备的小区间总干扰和小区内总干扰。这个定义等同于在式(3-6)中定义的网络效用。根据 G_{IM}，小蜂窝基站集合 $\mathcal{N}$ 能被划分为三个不相交的子集，即 $\{\text{SBS}_n\}$、$\mathcal{Z}_n$ 和 $\mathcal{T}_n = \mathcal{N} \setminus \left(\mathcal{Z}_n \cup \text{SBS}_n\right)$，其中 $\mathcal{A} \setminus \mathcal{B}$ 表示从 $\mathcal{A}$ 中去除 $\mathcal{B}$ 的元素。所以 $\Phi\left(a_n, a_{-n}\right)$ 能被重新写为

$$
\begin{aligned}
\Phi\left(a_n, a_{-n}\right) = & -\left(I_{\text{inter}}^{(n)}\left(a_n, a_{-n}\right) + I_{\text{intra}}^{(n)}\left(a_n, a_{-n}\right)\right) \\
& - \sum_{\text{SBS}_j \in \mathcal{Z}_n}\left(I_{\text{inter}}^{(j)}\left(a_n, a_{-n}\right) + I_{\text{intra}}^{(j)}\left(a_n, a_{-n}\right)\right) \\
& - \sum_{\text{SBS}_q \in \mathcal{T}_n}\left(I_{\text{inter}}^{(q)}\left(a_n, a_{-n}\right) + I_{\text{intra}}^{(q)}\left(a_n, a_{-n}\right)\right)
\end{aligned} \tag{3-13}
$$

当 SBS_n 单方面偏离其动作从 a_n 到 a_n' 时，势函数的变化由式(3-14)给出：

$$
\begin{aligned}
& \Phi\left(a_n, a_{-n}\right) - \Phi\left(a_n', a_{-n}\right) \\
= & \left(I_{\text{inter}}^{(n)}\left(a_n', a_{-n}\right) + I_{\text{intra}}^{(n)}\left(a_n', a_{-n}\right)\right) \\
& - \left(I_{\text{inter}}^{(n)}\left(a_n, a_{-n}\right) + I_{\text{intra}}^{(n)}\left(a_n, a_{-n}\right)\right) \\
& + \sum_{\text{SBS}_j \in \mathcal{Z}_n}\left(I_{\text{inter}}^{(j)}\left(a_n', a_{-n}\right) + I_{\text{intra}}^{(j)}\left(a_n', a_{-n}\right)\right) \\
& - \sum_{\text{SBS}_j \in \mathcal{Z}_n}\left(I_{\text{inter}}^{(j)}\left(a_n, a_{-n}\right) + I_{\text{intra}}^{(j)}\left(a_n, a_{-n}\right)\right) \\
& + \sum_{\text{SBS}_q \in \mathcal{T}_n}\left(I_{\text{inter}}^{(q)}\left(a_n', a_{-n}\right) + I_{\text{intra}}^{(q)}\left(a_n', a_{-n}\right)\right) \\
& - \sum_{\text{SBS}_q \in \mathcal{T}_n}\left(I_{\text{inter}}^{(q)}\left(a_n, a_{-n}\right) + I_{\text{intra}}^{(q)}\left(a_n, a_{-n}\right)\right)
\end{aligned} \tag{3-14}
$$

通过定义，SBS_n 的动作改变将只影响其自身的小区间和小区内总干扰，以及 $\mathcal{Z}_n$ 中小蜂窝基站的小区间干扰。所以我们可以得到 $I_{\text{inter}}^{(q)}\left(a_n', a_{-n}\right) = I_{\text{inter}}^{(q)}\left(a_n, a_{-n}\right)$ 和 $I_{\text{intra}}^{(q)}\left(a_n', a_{-n}\right) = I_{\text{intra}}^{(q)}\left(a_n, a_{-n}\right)$ 对 $\mathcal{T}_n$ 中的任何 SBS_q 都成立，$I_{\text{intra}}^{(j)}\left(a_n', a_{-n}\right) = I_{\text{intra}}^{(j)}\left(a_n, a_{-n}\right)$ 对 $\mathcal{Z}_n$ 中的任何 SBS_j 都成立。于是我们得到

$$
\begin{aligned}
& \Phi\left(a_n, a_{-n}\right) - \Phi\left(a_n', a_{-n}\right) \\
= & \left(I_{\text{inter}}^{(n)}\left(a_n', a_{-n}\right) + I_{\text{intra}}^{(n)}\left(a_n', a_{-n}\right)\right)
\end{aligned}
$$

$$- \left(I_{\text{inter}}^{(n)}\left(a_n, a_{-n}\right) + I_{\text{intra}}^{(n)}\left(a_n, a_{-n}\right) \right)$$

$$+ \sum_{\text{SBS}_j \in \mathscr{Z}_n} I_{\text{inter}}^{(j)}\left(a_n', a_{-n}\right) - \sum_{\text{SBS}_j \in \mathscr{Z}_n} I_{\text{inter}}^{(j)}\left(a_n, a_{-n}\right) \tag{3-15}$$

比较式(3-15)和式(3-9)中对 SBS_n 的效用定义，我们能得到预期的结果，即

$$\Phi\left(a_n, a_{-n}\right) - \Phi\left(a_n', a_{-n}\right) = u_n\left(a_n, a_{-n}\right) - u_n\left(a_n', a_{-n}\right) \tag{3-16}$$

它满足了以 Φ 为势函数的严格势博弈[17]的定义。由于具有严格势博弈性质，因此至少可以保证一个纳什均衡。此外，注意到式(3-12)中的势函数与式(3-6)中的网络效用完全相同，我们可以得出结论，网络效用最大化的解决方案 A_{opt} 也全局地最大化了势函数，因此是博弈的一个纳什均衡[17]。

3.3.3 并发最佳响应算法

对于严格势博弈，可以应用最佳响应算法来实现其纯策略纳什均衡。注意，根据 G_{IM}，小蜂窝基站仅在本地耦合，而没有全局耦合，因此我们将标准最佳响应扩展为并发版本，以提高收敛效率。具体而言，在一次迭代中，如果新策略可以根据上次迭代中收到的信息带来更好的效用，则小蜂窝基站建议更改其策略。所有候选小蜂窝基站都需要争夺更新机会，并以随机方式进行选择。当选择了一个小蜂窝基站，如 SBS_n 时，在 $\mathscr{J}_n \bigcup \mathscr{Z}_n$ 中的其他候选小蜂窝基站在此次迭代中应该沉默。选择过程将继续进行，直到所有候选小蜂窝基站被选中或被沉默为止。当没有小蜂窝基站建议更新其策略时，迭代循环停止。并发最佳响应(concurrent best response, CBR)算法在算法 3-1 中进行了详细说明。

算法 3-1 并发最佳响应算法

1. 初始化：每个 $\text{SBS}_S \in \mathscr{N}$ 将其相邻的小蜂窝基站分到 $\mathscr{J}_n$ 和 $\mathscr{Z}_n$ 中，随机选择策略 $a_n(t) \in \mathscr{A}_n$，其 $a_n(t)$ 为 SBS_n 在第 t 次迭代时选择的策略。

2. for $t = 0$ to T_{max} do

3. 每个 SBS_n 根据式(3-2)和式(3-5)计算其总干扰 $I_{\text{inter}}^{(n)}$ 和 $I_{\text{intra}}^{(n)}$，将 $I_{\text{inter}}^{(n)}$ 和当前的策略广播给 $\mathscr{J}_n$ 和 $\mathscr{Z}_n$ 中的小蜂窝基站。

4. 根据收到的信息，每个 SBS_n 计算其最佳策略 $a_n^*(t)$ 为

$$a_n^*(t) = \underset{a_n \in \mathscr{A}_n}{\arg\max}\, u_n\left(a_n, a_{\mathscr{J}_n}(t)\right) \tag{3-17}$$

5. 构造 $\mathscr{S}(t) = \{\text{SBS}_n \mid \text{SBS}_n \in \mathscr{N}, a_n(t) \neq a_n^*(t)\}$。

6. if $\mathscr{S}(t) \neq \varnothing$ then

7.　　while　$\mathcal{S}(t) \neq \varnothing$　do

8.　　从 $\mathcal{S}(t)$ 中随机抽取一个 SBS_n 并更新其策略，如 $a_n(t+1) \leftarrow a_n^*(t)$。

9.　　$\mathcal{S}(t) \leftarrow \mathcal{S}(t) \backslash \left(\{SBS_n\} \cup \mathcal{Z}_n \cup \mathcal{J}_n \right)$

10.　　end while

11.　　else

12.　　停止迭代

13.　　end if

14.　　end for

根据文献[17]，这个被描述的博弈具有有限的改进性质(finite improvement properties, FIP)，因为该算法确保了势函数的增长趋势，该趋势以零为上限。因此，可以保证算法收敛于纳什均衡，从而在有限迭代中局部或全局最小化小区间和小区内总干扰。

3.4　仿真结果与分析

本节将通过 MATLAB 评估所提出的分布式算法。所考虑的小型蜂窝网络部署在一个方形区域中，其中主要参数为 $\alpha = 3.7$，$\eta = 0.4$，$I_{th} = 0.001$。每个小蜂窝基站在其占用的每个子信道上以相等的功率 $p_n = 2W$ 发送，并且都与 $K_n = K$ 个用户设备关联。系统中总共有 $M = 5$ 个子信道可用。

在图 3-2 中，我们绘制了纳什均衡收敛所需迭代次数的累积分布函数(cumulative distribution function, CDF)，以比较并发最佳响应和标准最佳响应之间的收敛效率。为了保持固定的平均密度，小蜂窝基站随机位于方形区域中(尺寸为 $200m \times 200m$，则 $N = 20$；尺寸为 $100\sqrt{6}\ m \times 100\sqrt{6}\ m$，则 $N = 30$)。对于每个小蜂窝基站，其关联的 K 个用户设备随机分布在半径为10m 的圆形服务区域中。结果表明，并发最佳响应比标准最佳响应更有效地收敛于纳什均衡。这是因为并发最佳响应允许几个未耦合的小蜂窝基站同时更新策略。当网络规模线性扩大时，并发最佳响应的优势更加明显。特别地，添加更多的小蜂窝基站或更多的用户设备都将需要更多的迭代以达到纳什均衡收敛。对于标准最佳响应，迭代次数增长显著，但对于并发最佳响应，迭代次数的增加却非常有限。

在图 3-3 中，我们绘制了通过并发最佳响应获得的收敛时小区间和小区内总干扰，以研究 NOMA 相对于 OMA 的优势。该结果是通过将 5000 次实验平均在 5 个独立的随机网络拓扑中得出的，即平均纳什均衡，而在 3 个用户设备(NOMA) 场景下还从 1000 个收敛结果中选择出了最佳和最差纳什均衡，然后对 5 个拓扑

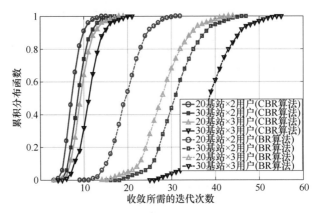

图 3-2 随机网络拓扑下并发最佳响应和标准最佳响应的收敛速度比较

进行了平均。在每种拓扑中，小蜂窝基站随机位于固定的 $200m \times 200m$ 正方形区域中，用户设备覆盖区域的半径为 $15m$。随机选择的结果均高于 0.04W，为避免出现不美观的图示，图中将其省略。结果表明，并发最佳响应的平均纳什均衡接近最佳纳什均衡，根据定理 3-1，这也是问题 P_1 的最佳解决方案。另外，仿真结果还表明，与 OMA 相比，NOMA 保证了较低的收敛总干扰水平。以 3 个用户设备为例，NOMA 最差的纳什均衡也要优于 OMA 的平均纳什均衡。NOMA 相比于 OMA 更具优势的原因是小蜂窝基站提供了从以下情况中获益的机会：①当一个子信道受到轻微干扰时，如果小区内干扰不严重，基站可以应用 NOMA 为该子信道上的两个用户设备服务，并让它们共享低小区间干扰的好处；②当一个小蜂窝

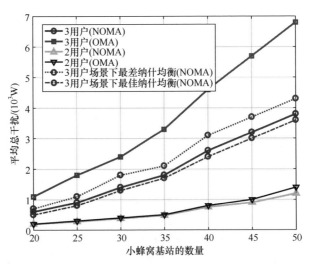

图 3-3 在随机网络拓扑下，具有不同用户设备数量的 NOMA 和 OMA 之间的
收敛总干扰比较

基站应用 NOMA 时，它释放了对其他一些子信道的占用，从而减少了对附近占用相同子信道的小蜂窝基站的干扰。图 3-3 还显示，随着基站数量 $(20 \to 50)$ 或用户设备数量 $(2 \to 3)$ 的增加，NOMA 和 OMA 之间的性能差距越来越大，这意味着 NOMA 在更密集的网络中优势更加明显。

在图 3-4 中，我们研究了在基于常规网格的网络拓扑结构下，应用 NOMA 的小蜂窝基站的百分比。其中水平轴表示最近的小蜂窝基站之间的距离。图 3-4 表明，当更多的用户设备被关联 $(2 \to 3)$ 或者相邻的小蜂窝基站更近时，更多的小蜂窝基站具有动机来应用 NOMA。这一结果证实了 NOMA 在超密集网络中缓解干扰的潜力。我们还研究了通过干扰图 G_{IM} 解耦小蜂窝基站的可行性。对于通过 G_{IM} 分类的相邻小蜂窝基站，仅在局部需要信息交换。但是，当小蜂窝基站没有通过 G_{IM} 对相邻小蜂窝基站进行分类时，该小蜂窝基站将必须与所有小蜂窝基站进行全局交换信息，这成倍地增加了开销。图 3-4 显示，根据 G_{IM} 解耦的小蜂窝基站只会轻微影响应用 NOMA 的小蜂窝基站的百分比。这验证了通过忽略来自较远小蜂窝基站的干扰效应来减少信息交换开销的可行性。

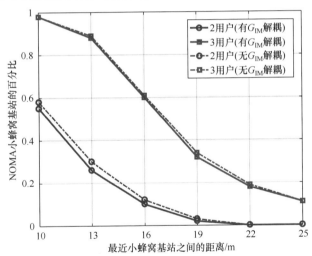

图 3-4　在基于网格的网络拓扑下，应用了有无小蜂窝基站解耦的 NOMA 的
小蜂窝基站的百分比

3.5　总　　结

本章研究了 NOMA 在减轻小型蜂窝网络干扰方面的潜力。我们通过允许小蜂窝基站利用 NOMA 在一个子信道上复用不同的用户设备来主动引入小区内干扰，并考虑了小区间和小区内的联合总干扰最小化问题。基于局部合作博弈模型，

我们研究了小蜂窝基站之间的相互作用并验证了纳什均衡的存在。然后，提出了一种并发的最佳响应学习算法，以提高向纳什均衡收敛的速度。仿真结果表明：①NOMA 通过允许小蜂窝基站在不同用户设备之间共享受到轻微干扰的子信道，或者以无私的方式减少其对相邻小蜂窝基站的干扰，在缓解干扰方面表现出优于 OMA 的优势；②当网络变得更密集时，随着使用 NOMA 来增加其效用的小蜂窝基站的比例增加，NOMA 的优势将更加突出；③可以解耦干扰关系以限制相邻小蜂窝基站中的信息交换，从而可以利用分布式干扰抑制算法。

参 考 文 献

[1] Ding Z G, Lei X F, Karagiannidis G K, et al. A survey on non-orthogonal multiple access for 5G networks: Research challenges and future trends. IEEE Journal on Selected Areas in Communications, 2017, 35(10): 2181-2194.

[2] Wang X L, Zhang H J, Tian Y, et al. Optimal distributed interference mitigation for small cell networks with non-orthogonal multiple access: A locally cooperative game. IEEE Access, 2018, 6: 63107-63119.

[3] Di B Y, Song L Y, Li Y H. Subchannel assignment, power allocation and user scheduling for non-orthogonal multiple access networks. IEEE Transactions on Wireless Communications, 2016, 15(11): 7686-7698.

[4] Zhang H J, Fang F, Cheng J, et al. Energy-efficient resource allocation in NOMA heterogeneous networks. IEEE Wireless Communications, 2018, 25(2): 48-53.

[5] Fang F, Zhang H J, Cheng J, et al. Energy-efficient resource allocation for downlink non-orthogonal multiple access network. IEEE Transactions on Communications, 2016, 64(9): 3722-3732.

[6] Zhang H J, Wang B B, Jiang C X, et al. Energy efficient dynamic resource allocation in NOMA networks. Proceedings of IEEE Global Communications Conference, Singapore, 2017: 1-6.

[7] Lv L, Chen J, Ni Q, et al. Design of cooperative non-orthogonal multicast cognitive multiple access for 5G systems: User scheduling and performance analysis. IEEE Transactions on Communications, 2017, 65(99): 2641-2656.

[8] Zhang H J, Yang N, Long K P, et al. Secure communications in NOMA system: Subcarrier assignment and power allocation. IEEE Journal on Selected Areas in Communications, 2018, 36(7): 1441-1452.

[9] Zhao J J, Liu Y W, Chai K K, et al. Spectrum allocation and power control for non-orthogonal multiple access in HetNets. IEEE Transactions on Wireless Communications, 2017, 16(9): 5825-5837.

[10] Zhang H J, Qiu Y, Long K P, et al. Resource allocation in NOMA based fog radio access networks. IEEE Wireless Communications, 2018, 25(3): 110-115.

[11] Xu Y H, Wang J L, Wu Q, et al. A game theoretic perspective on self-organizing optimization for cognitive small cells. IEEE Communications Magazine, 2015, 53(7): 100-108.

[12] Song L Y, Li Y H, Ding Z G, et al. Resource management in non-orthogonal multiple access networks for 5G and beyond. IEEE Network, 2017, 31(4): 8-14.

[13] Xu Y H, Wang C G, Chen J H, et al. Load-aware dynamic spectrum access for small cell networks: A graphical game approach. IEEE Transactions on Vehicular Technology, 2016, 65(10): 8794-8800.

[14] Zheng J, Cai Y, Liu Y, et al. Optimal power allocation and user scheduling in multicell networks: Base station cooperation using a game-theoretic approach. IEEE Transactions on Wireless Communications, 2014, 13(12): 6928-6942.

[15] Xu Y, Wang J, Wu Q, et al. Opportunistic spectrum access in cognitive radio networks: Global optimization using local interaction games. IEEE Journal of Selected Topics in Signal Processing, 2012, 6(2): 180-194.

[16] Zhang H J, Du J L, Cheng J L, et al. Incomplete CSI based resource optimization in SWIPT enabled heterogeneous networks: A non-cooperative game theoretic approach. IEEE Transactions on Wireless Communications, 2017, 17(3): 1882-1892.

[17] Dov M, Lloyd S S. Potential games. Games & Economic Behavior, 1996, 14(1): 124-143.

第4章 异构 NOMA 网络中的信道
分配和功率优化

4.1 引　　言

在过去的几年中，移动数据量呈指数增长，下一代移动网络需要低延迟和高频谱效率的通信。在文献[1]中，作者提出了一种新颖的框架，该框架将有效容量和 NOMA 技术组合到虚拟化无线网络中。在文献[2]中，作者研究了一种新的用于 NOMA 系统的新型无线缓存方法。在文献[3]中，作者提出了一种波束赋形技术，旨在保护信息免受用户攻击。在文献[4]中，作者设计了一个有效的方案来解决基本的车联网服务单播系统中的技术障碍。

为了提高异构 NOMA 网络的频谱效率，NOMA 网络中应用了机会约束鲁棒优化方法来解决残留抵消误差[5]。在文献[6]中，作者设计了一种新颖的 NOMA 系统，它使不同的用户共享相同的空间资源。文献[7]提出了一种新的 NOMA 中继选择策略和中继协议，而在文献[8]中，作者研究了 NOMA 网络的天线选择问题，该问题可以最大化用户的信噪比。在文献[9]中，作者提出了一种新颖的子信道分配算法，该算法基于匹配理论以最大化系统容量。

尽管 NOMA 可以提高无线通信的系统频谱效率，但是我们需要研究新的策略以进一步提高网络能量效率，这在文献[10]和文献[11]中已经进行了部分考虑。在文献[12]中，作者使用迭代算法来解决安全通信问题并最大化 NOMA 网络能量效率。文献[13]中的作者考虑了毫米波 NOMA 网络的能量效率问题，并提出了一种新的射频链结构。在文献[14]中，作者提出了一种新颖的功率分配策略来解决非凸分数规划问题并增强 NOMA 网络的能量效率。本章将通过考虑能量效率最优来研究下行 NOMA 网络中的子信道分配和功率分配问题。

4.2 问 题 建 模

图 4-1 显示了异构下行链路 NOMA 网络，其中 N 个 SBS 被宏基站覆盖，我们专注于 NOMA 网络的下行链路中的功率分配。令 $\mathcal{N} = \{\text{SBS}_1, \text{SBS}_2, \cdots, \text{SBS}_N\}$ 和 $\mathbb{U}_{\text{SCU}} = \{\text{SCU}_1, \text{SCU}_2, \cdots, \text{SCU}_U\}$ 分别表示小蜂窝基站和小蜂窝基站用户的集合。

令 $\mathbb{M}=\{\mathrm{MU}_1, \mathrm{MU}_2, \cdots, \mathrm{MU}_M\}$ 表示宏小区用户的集合, $\mathcal{M}=\{1, \cdots, k, \cdots, K\}$ 是子信道的集合。

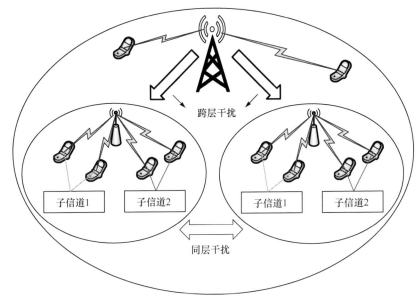

图 4-1　异构 NOMA 网络

考虑下行链路, 并假设只能在同一子信道上同时分配两个用户, 然后将第 k 个子信道上的 MU_m 和 MU_w 的 SINR 表示为

$$\gamma_{0,k,m} = \frac{\beta_k p_{0,k} g_{0,k,m}}{\sum_{i=1}^{N} p_{i,k} g_{i,k,m} + (1-\beta_k) p_{0,k} g_{0,k,m} + \sigma_k^2} \tag{4-1}$$

$$\gamma_{0,k,w} = \frac{\beta_k p_{0,k} g_{0,k,w}}{\sum_{i=1}^{N} p_{i,k} g_{i,k,w} + (1-\beta_k) p_{0,k} g_{0,k,w} + \sigma_k^2} \tag{4-2}$$

式中, γ 是信噪比; β_k 定义为第 k 个子信道上两个宏小区用户的功率比例因子, $\beta_k \in (0,1)$; $p_{0,k}$ 是第 k 个子信道上宏基站的发射功率; $p_{i,k}$ 是第 k 个子信道上 SBS_i 的发射功率; $g_{i,k,m}$ 是从 SBS_i 到 MU_m 的信道增益; $g_{0,k,m}$ 是从宏基站到 MU_m 的信道增益; σ_k^2 是第 k 个子信道上加性高斯白噪声的方差。我们将第 k 个子信道上两个小小区用户的功率比例因子定义为 α_k, $\alpha_k \in (0,1)$。第 k 个子信道上 SBS_n 的发射功率为 $p_{n,k}$, 第 k 个子信道上 SCU_u 和 SCU_l 的 SINR 由式(4-3)和式(4-4)给出:

$$\gamma_{n,k,u} = \frac{\alpha_k p_{n,k} g_{n,k,u}}{\sum_{i=1,i\neq n}^{N} p_{i,k} g_{i,k,u} + (1-\alpha_k) p_{n,k} g_{n,k,u} + p_{0,k} g_{0,k,u} + \sigma_k^2} \tag{4-3}$$

$$\gamma_{n,k,l} = \frac{(1-\alpha_k) p_{n,k} g_{n,k,l}}{\sum_{i=1,i\neq n}^{N} p_{i,k} g_{i,k,l} + \alpha_k p_{n,k} g_{n,k,l} + p_{0,k} g_{0,k,l} + \sigma_k^2} \tag{4-4}$$

式中，$\sum_{i=1,i\neq n}^{N} p_{i,k} g_{i,k,u}$ 是其他小小区用户引起的干扰；$(1-\alpha_k) p_{n,k} g_{n,k,u}$ 是来自同一子信道上小小区用户的干扰；$p_{0,k} g_{0,k,u}$ 是 MBS 引起的干扰。

根据香农容量公式，SBS_n 和宏小区中占用第 k 个子信道的用户的总速率分别为

$$C_{n,k} = \frac{B}{K} \left(\log_2\left(1+\gamma_{n,k,u}\right) + \log_2\left(1+\gamma_{n,k,l}\right) \right) \tag{4-5}$$

$$C_{0,k} = \frac{B}{K} \left(\log_2\left(1+\gamma_{0,k,m}\right) + \log_2\left(1+\gamma_{0,k,w}\right) \right) \tag{4-6}$$

然后将第 k 个子信道的能量效率定义为

$$E_k = \frac{C_k}{p_c + p_k} \tag{4-7}$$

式中，p_k 是第 k 个子信道的发射功率；p_c 是额外的电路功耗。NOMA 网络的能量效率由式(4-8)给出：

$$E = \sum_{k=1}^{K} E_k \tag{4-8}$$

在对问题建模之前，我们考虑以下约束。

(1) 发射功率限制：

$$p_{n,k} \geqslant 0, \quad \forall n \in \mathcal{N}, \ \forall k \in \mathcal{M} \tag{4-9}$$

(2) 总功率约束：

$$\sum_{n=1}^{N} \sum_{k=1}^{K} p_{n,k} \leqslant p_{\text{total}} \tag{4-10}$$

(3) 用户的服务质量：

$$\sum_{k=1}^{K} C_k \geqslant R_{\text{min}} \tag{4-11}$$

(4) 干扰约束：

$$\sum_{i=1,i\neq n}^{N} p_{i,k}g_{i,k,u}+(1-\alpha_k)p_{n,k}g_{n,k,u}+p_{0,k}g_{0,k,u}+\sigma_k^2\leqslant I_u \tag{4-12}$$

我们的最终目标是使 SBS 的总能量效率最大化，因此可以将优化问题表述为

$$\max\sum_{k=1}^{K}E_k$$

$$\text{s.t.}C_1:p_{n,k}\geqslant 0,\quad \forall n\in\mathcal{N},\ \forall k\in\mathcal{M}$$

$$C_2:\sum_{n=1}^{N}\sum_{k=1}^{K}p_{n,k}\leqslant p_{\text{total}} \tag{4-13}$$

$$C_3:\sum_{k=1}^{K}C_k\geqslant R_{\min}$$

$$C_4:\sum_{i=1,i\neq n}^{N}p_{i,k}g_{i,k,u}+(1-\alpha_k)p_{n,k}g_{n,k,u}+p_{0,k}g_{0,k,u}+\sigma_k^2\leqslant I_u$$

式中，p_{total} 是小基站的总传输功率；$R_{\min}$ 是由 QoS 确定的最小数据速率；I_u 是 SCU$_u$ 的最大干扰约束。

4.3　功率优化和子信道分配

在本节中，为了解决此优化问题，首先在每个子信道上分配多个用户并获得功率比例因子，然后使用差分(difference of convex, DC)规划解决子信道功率分配问题。

我们假设子信道在 NOMA 网络中同时只有两个用户。子信道分配策略空间定义为 $A_k=\left\{a_{1,k}^1,\ a_{1,k}^2,\ a_{2,k}^1,\ a_{2,k}^2,\ \cdots,\ a_{N,k}^1,\ a_{N,k}^2\right\}$，$a_{n,k}^1\in\{1,2,\cdots,U\}$，$a_{n,k}^2\in\{1,2,\ \cdots,U\}$，$u_{n,k}^s\in\{1,2,\ \cdots,U\}$ 表示 SBS$_n$ 中占用第 k 个子信道的用户集合，$a_{n,k}^1=u_{n,k}^s$ 表示第 k 个子信道被 SBS$_n$ 中的用户 $u_{n,k}^s$ 占用，$N_{\text{initial-match}}$ 定义为初始子信道匹配集，N_{final} 是最终子信道匹配集。

考虑到 SCU$_u$ 和 SCU$_l$ 是第 k 个子信道的用户，我们的目标是找到 α_k 和优化功率，以最大化 NOMA 网络的能量效率。目标函数可以表示为

$$\max_{\alpha_k\in(0,1)}\sum_{k=1}^{K}\frac{B\left(\log_2\left(1+\gamma_{n,k,u}\right)+\log_2\left(1+\gamma_{n,k,l}\right)\right)}{K\left(p_c+p_k\right)}$$

$$\text{s.t.}C_1:p_{n,k}\geqslant 0,\quad \forall n\in\mathcal{N},\ \forall k\in\mathcal{M}$$

$$C_2:\sum_{n=1}^{N}\sum_{k=1}^{K}p_{n,k}\leqslant p_{\text{total}}$$

$$C_3 : \sum_{k=1}^{K} C_k \geqslant R_{\min}$$

$$C_4 : \sum_{i=1,i\neq n}^{N} p_{i,k} g_{i,k,u} + (1-\alpha_k) p_{n,k} g_{n,k,u} + p_{0,k} g_{0,k,u} + \sigma_k^2 \leqslant I_u \tag{4-14}$$

式(4-14)可以重写为

$$\min_{\alpha_k \in (0,1)} \sum_{k=1}^{K} \left(-\frac{B\log_2(1+\gamma_{n,k,u})}{K(p_c+p_k)} - \frac{B\log_2(1+\gamma_{n,k,l})}{K(p_c+p_k)} \right) \tag{4-15}$$

或者

$$\min_{\alpha_k \in (0,1)} (h(\alpha_k) - g(\alpha_k)) \tag{4-16}$$

式中

$$h(\alpha_k) = \sum_{k=1}^{K} -\frac{B\log_2\left(1+\dfrac{\alpha_k p_{n,k} g_{n,k,u}}{\sum\limits_{i=1,i\neq n}^{N} p_{i,k} g_{i,k,u} + (1-\alpha_k) p_{n,k} g_{n,k,u} + p_{0,k} g_{0,k,u} + \sigma_k^2}\right)}{K(p_c+p_k)} \tag{4-17}$$

$$g(\alpha_k) = \sum_{k=1}^{K} \frac{B\log_2\left(1+\dfrac{(1-\alpha_k) p_{n,k} g_{n,k,l}}{\sum\limits_{i=1,i\neq n}^{N} p_{i,k} g_{i,k,l} + \alpha_k p_{n,k} g_{n,k,l} + p_{0,k} g_{0,k,l} + \sigma_k^2}\right)}{K(p_c+p_k)} \tag{4-18}$$

为了证明式(4-17)和式(4-18)的凸性质，我们取式(4-17)和式(4-18)关于 α_k 的一阶导数得出后面的式(4-19)和式(4-20)，取式(4-17)和式(4-18)关于 α_k 的二阶导数得出式(4-21)和式(4-22)。

算法 4-1　基于匹配理论和功率分配的子信道分配算法

1. 我们随机解除 MBS 和 SBS 的所有权，然后在基站中随机分配用户；
2. 初始化 $a_{n,k}^1 = 0$ 和 $a_{n,k}^2 = 0$；

3.　第 1 步(获取匹配集 $N_{\text{initial-match}}$):

4.　for $k = 1$ to K do

5.　　for $n = 1$ to N do

6.　　　for $u = 1$ to U do

7.　　　　找到 $u^* = \underset{u \in U}{\arg\max}\, g_{n,k,u}$

8.　　　　$a_{n,k}^1 = u^*$

9.　　　end for

10:　　end for

11.　　$\mathbb{U}_{\text{SCU}} = \mathbb{U}_{\text{SCU}} - u^*$

12.　　for $n = 1$ to N do

13.　　　for $u = 1$ to U do

14.　　　　找到 $u^* = \underset{u \in U}{\arg\max}\, g_{n,k,u}$

15.　　　　$a_{n,k}^2 = u^*$

16.　　　end for

17.　　end for

18.　　$\mathbb{U}_{\text{SCU}} = \mathbb{U}_{\text{SCU}} - u^*$

19.　end for

20.　获取匹配集 $N_{\text{initial-match}}$

21.　第 2 步(子信道分配):

22.　给出平均功率 $p_{\text{aver}} = \dfrac{p_{\text{total}}}{U}$。

23.　根据 p_{aver} 计算每个用户的容量，生成用户容量列表 C_{list}。

24.　从 C_{list} 中找到最大容量的用户并在 C_{list} 中删除该容量，然后从 C_{list} 中找到最大容量的另一个用户并在 C_{list} 中删除该容量，为这两个用户分配相同的子信道，重复此过程直到 C_{list} 为空，得到匹配结果 N_{final}。

25.　第 3 步(功率分配):应用文献[15]中的 DC 规划以获得 α_k 和子信道上的传输功率。

$$\frac{\partial h(\alpha_k)}{\partial \alpha_k}$$

$$= \sum_{k=1}^{K} \left(-\frac{B}{K(p_c + p_k)} \times \cfrac{1}{\ln 2 \left(1 + \cfrac{\alpha_k p_{n,k} g_{n,k,u}}{\sum\limits_{i=1, i\neq n}^{N} p_{i,k} g_{i,k,u} + (1 - \alpha_k) p_{n,k} g_{n,k,u} + p_{0,k} g_{0,k,u} + \sigma_k^2} \right)} \right)$$

(4-19)

$$\frac{\partial g(\alpha_k)}{\partial \alpha_k} = \sum_{k=1}^{K} \left(\frac{B}{K(p_c + p_k)} \times \cfrac{1}{\ln 2 \left(1 + \cfrac{(1 - \alpha_k) p_{n,k} g_{n,k,l}}{\sum\limits_{i=1, i\neq n}^{N} p_{i,k} g_{i,k,l} + \alpha_k p_{n,k} g_{n,k,l} + p_{0,k} g_{0,k,l} + \sigma_k^2} \right)} \right)$$

(4-20)

$$\frac{\partial^2 h(\alpha_k)}{\partial \alpha_k^2}$$

$$= \sum_{k=1}^{K} \left(\frac{B}{K(p_c + p_k)} \times \cfrac{\cfrac{p_{n,k} g_{n,k,u} \sum\limits_{i=1, i\neq n}^{N} p_{i,k} g_{i,k,u} + (p_{n,k} g_{n,k,u})^2 + p_{n,k} g_{n,k,u} p_{0,k} g_{0,k,u} + p_{n,k} g_{n,k,u} \sigma_k^2}{\left(\sum\limits_{i=1, i\neq n}^{N} p_{i,k} g_{i,k,u} + (1 - \alpha_k) p_{n,k} g_{n,k,u} + p_{0,k} g_{0,k,u} + \sigma_k^2 \right)^2}}{\ln 2 \left(1 + \cfrac{\alpha_k p_{n,k} g_{n,k,u}}{\sum\limits_{i=1, i\neq n}^{N} p_{i,k} g_{i,k,u} + (1 - \alpha_k) p_{n,k} g_{n,k,u} + p_{0,k} g_{0,k,u} + \sigma_k^2} \right)^2} \right)$$

(4-21)

$$\frac{\partial^2 g(\alpha_k)}{\partial \alpha_k^2}$$

$$= \sum_{k=1}^{K} \frac{B}{K(p_c + p_k)} \times \frac{\frac{p_{n,k}g_{n,k,l}\left(\sum\limits_{i=1,i\neq n}^{N} p_{i,k}g_{i,k,l} + \alpha_k p_{n,k}g_{n,k,l} + p_{0,k}g_{0,k,l} + \sigma_k^2\right) + (1-\alpha_k)\left(p_{n,k}g_{n,k,l}\right)^2}{\left(\sum\limits_{i=1,i\neq n}^{N} p_{i,k}g_{i,k,l} + \alpha_k p_{n,k}g_{n,k,l} + p_{0,k}g_{0,k,l} + \sigma_k^2\right)^2}}{\ln 2\left(1 + \frac{(1-\alpha_k)p_{n,k}g_{n,k,l}}{\sum\limits_{i=1,i\neq n}^{N} p_{i,k}g_{i,k,l} + \alpha_k p_{n,k}g_{n,k,l} + p_{0,k}g_{0,k,l} + \sigma_k^2}\right)^2}$$

$$(4\text{-}22)$$

因为 $\dfrac{\partial^2 h(\alpha_k)}{\partial \alpha_k^2} > 0, \dfrac{\partial^2 g(\alpha_k)}{\partial \alpha_k^2} > 0$，所以 $h(\alpha_k)$ 和 $g(\alpha_k)$ 是关于 α_k 的凸函数。因此，我们可以应用文献[15]中的 DC 规划来获得 α_k。由于 $C_{n,k}$ 是关于 $p_{n,k}$ 的线性函数，因此约束 C_3 转换为 $p_{n,k} \geqslant p_{\min}$，其中 $p_{\min}$ 是由 $R_{\min}$ 确定的第 k 个子信道上的最小传输功率，因此式(4-15)可重写为

$$\min_{\boldsymbol{P} > 0}\left(H(\boldsymbol{P}) - L(\boldsymbol{P})\right)$$

$$\text{s.t.} C_1 : p_{n,k} \geqslant 0, \quad \forall n \in \mathcal{N}, \quad \forall k \in \mathcal{M}$$

$$C_2 : \sum_{n=1}^{N}\sum_{k=1}^{K} p_{n,k} \leqslant p_{\text{total}} \tag{4-23}$$

$$C_3 : p_{n,k} \geqslant p_{\min}$$

$$C_4 : \sum_{i=1,i\neq n}^{N} p_{i,k}g_{i,k,u} + (1-\alpha_k)p_{n,k}g_{n,k,u} + p_{0,k}g_{0,k,u} + \sigma_k^2 \leqslant I_u$$

式中，$\boldsymbol{P} = [p_{11}, p_{12}, \cdots, p_{nk}]^{\mathrm{T}}$ 表示子信道上分配的功率；$H(\boldsymbol{P})$ 和 $L(\boldsymbol{P})$ 分别与 $h(\alpha_k)$ 和 $g(\alpha_k)$ 相同。可以很容易地证明 $H(\boldsymbol{P})$ 和 $L(\boldsymbol{P})$ 的凸性，因此算法 4-1 中的 DC 规划可用于功率分配。

4.4　仿真结果与分析

本节提供了仿真结果以评估所提出的子信道分配算法和功率分配算法的性能。将文献[16]中的无价次优子信道分配(unpriced suboptimal subchannel allocation,

USSA)算法和文献[17]中的 NOMA 算法以及文献[18]中的飞蜂窝非合作资源分配博弈(femtocell noncooperative resource allocation game, FNRAG)算法与本章所提出的算法进行了比较。在仿真中，小小区基站用户随机分布在小蜂窝基站周围并共享频谱，宏基站和小蜂窝基站的半径分别为500m 和10m 。

在图 4-2 中，当小蜂窝基站的数量为 5 时，评估了不同系统相对于小蜂窝基站用户数量的容量性能。结果表明，一个小蜂窝基站的平均容量整体上随每个小蜂窝基站的用户数量增加而增加，当小蜂窝基站用户数量从 10 增加到 60 时，所提出的算法可以实现的系统容量将比 FNRAG 算法、USSA 算法以及已有的 NOMA 算法可以实现的系统容量更高，在用户数量为 60 时可以达到150Mbit/s 。

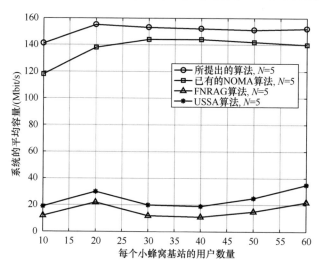

图 4-2　每个小蜂窝基站中用户数量不同时的系统平均容量

图 4-3 显示了当小蜂窝基站的数量为 5 且电路消耗功率为 1W 时，不同系统的能量效率性能与每个小蜂窝基站的不同用户数量的关系。我们可以观察到，当每个小蜂窝基站的用户数量从 10 增加到 60 时，能量效率整体上也会增加。结果表明，与 USSA 算法、FNRAG 算法和已有的 NOMA 算法相比，所提出的算法可以使系统具有更好的能量效率性能，使用所提出的算法时，NOMA 系统的能量效率约为1.5×10^8 bit/J 。

在图 4-4 中，当用户的数量为 20，小蜂窝基站的数量从 1 增加到 6 时，评估了不同系统的容量性能。与 USSA 算法、FNRAG 算法和已有的 NOMA 算法相比，我们所提出的算法可以使 NOMA 系统具有更高的平均容量。

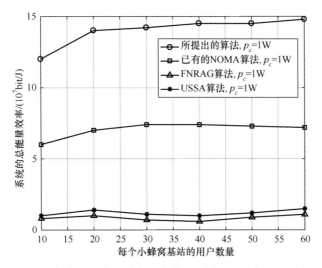

图 4-3　每个小蜂窝基站中用户数量不同时的系统能量效率

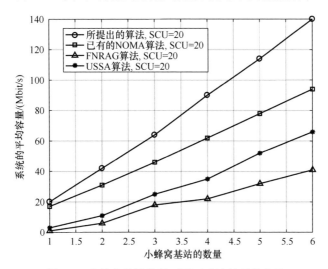

图 4-4　小蜂窝基站数量不同时系统的平均容量

4.5　总　　结

本章提出了一种新的子信道分配算法，并将功率分配问题建模为非凸问题，然后通过 DC 规划解决功率分配问题。将 USSA 算法、现有的 NOMA 算法和 FNRAG 算法与提出的算法进行了比较。仿真结果表明，所提出的算法不仅提高了小蜂窝基站的数据速率，而且提高了异构 NOMA 网络的能量效率。

参 考 文 献

[1] Sinaie M, Ng D W K, Jorswieck E A. Resource allocation in NOMA virtualized wireless networks under statistical delay constraints. IEEE Wireless Communications Letters, 2018, 7(6): 954-957.

[2] Ding Z G, Fan P Z, Karagiannidis G K, et al. NOMA assisted wireless caching: Strategies and performance analysis. IEEE Transactions on Communications, 2018, 66(10): 4854-4876.

[3] Nandan N, Majhi S, Wu H C. Secure beamforming for MIMO-NOMA based cognitive radio network. IEEE Communications Letters, 2018, 22(8): 1708-1711.

[4] Di B Y, Song L Y, Li Y H, et al. V2X meets NOMA: Non-orthogonal multiple access for 5G-enabled vehicular networks. IEEE Wireless Communications, 2017, 24(6): 14-21.

[5] Tweed D, Derakhshani M, Parsaeefard S, et al. Outage-constrained resource allocation in uplink NOMA for critical applications. IEEE Access, 2017, 5(1): 27636-27648.

[6] Yang L, Chen J, Ni Q, et al. NOMA-enabled cooperative unicast multicast: Design and outage analysis. IEEE Transactions on Wireless Communications, 2017, 16(12): 7870-7889.

[7] Yang Z, Ding Z G, Wu Y, et al. Novel relay selection strategies for cooperative NOMA. IEEE Transactions on Vehicular Technology, 2017, 66(11): 10114-10123.

[8] Yu Y H, Chen H, Li Y H, et al. Antenna selection in MIMO cognitive radio-inspired NOMA systems. IEEE Communications Letters, 2017, 21(12): 2658-2661.

[9] Zhao J J, Liu Y W, Chai K K, et al. Joint subchannel and power allocation for NOMA enhanced D2D communications. IEEE Transactions on Communications, 2017, 65(11): 5081-5094.

[10] Zhang H J, Fang F, Cheng J L, et al. Energy-efficient resource allocation in NOMA heterogeneous networks. IEEE Wireless Communications, 2018, 25(2): 48-53.

[11] Chu X S, Zhang H J, Huang F W, et al. Subchannel assignment and power optimization for energy-efficient NOMA heterogeneous network. Proceedings of IEEE Global Communications Conference, Waikoloa Village, 2019: 1-6.

[12] Zhang H J, Yang N, Long K P, et al. Secure communications in NOMA system: Subcarrier assignment and power allocation. IEEE Journal on Selected Areas in Communications, 2018, 36(7): 1441-1452.

[13] Hao W M, Zeng M, Chu Z, et al. Energy-efficient power allocation in millimeter wave massive MIMO with non-orthogonal multiple access. IEEE Wireless Communications Letters, 2017, 6(6): 782-785.

[14] Zhang Y, Wang H M, Zheng T X, et al. Energy-efficient transmission design in non-orthogonal multiple access. IEEE Transactions on Vehicular Technology, 2017, 66(3): 2852-2857.

[15] Vucic N, Shi S Y, Schubert M. DC programming approach for resource allocation in wireless networks. Proceedings of the 8th International Symposium on Modeling and Optimization in Mobile, Ad Hoc, and Wireless Networks, Avignon, 2010: 380-386.

[16] Shen Z K, Andrews J G, Evans B L. Adaptive resource allocation in multiuser OFDM systems with proportional rate constraints. IEEE Transactions on Wireless Communications, 2005, 4(6): 2726-2737.

[17] Senel K, Tekinay S. Optimal power allocation in NOMA systems with imperfect channel estimation. Proceedings of IEEE Global Communications Conference, Singapore, 2017: 1-7.

[18] Zhang H J, Chu X L, Zheng W, et al. Interference-aware resource allocation in co-channel deployment of OFDMA femtocells. Proceedings of IEEE International Conference on Communications, Ottawa, 2012: 4663-4667.

第5章 软件定义的异构 VLC 和 RF 小小区中的资源分配

5.1 引　言

　　未来移动通信系统可通过虚拟化软件定义网络功能来应对完美同步多媒体传输时的巨大吞吐量需求[1]。然而,在下一代移动网络中,频谱资源和能量资源都受到了严重的限制[2]。可见光通信(visible light communication, VLC)网络以其丰富的频谱资源成为室内射频(radio frequency, RF)网络的有力补充,引起了学术界和业界的广泛关注[3]。文献[4]的作者在进行全面的调查之后,对基于 LED 的可见光通信进行了深入的研究。另外,为了弥补射频频谱的不足,研究人员正致力于在结合可见光和射频的统一通信系统中解决数据拥塞的问题。在文献[5]中,作者研究了基于延迟保证的资源分配问题,该问题依赖于对异构可见光和射频小小区网络有效容量的度量。在文献[2]中,作者提出了基于正交频分多址接入网络的能量效率最大化问题,并在设想的异构室内射频和可见光通信网络中解决了该问题。

　　将软件定义无线网络(software defined wireless networking, SDWN)理念融入异构的双生可见光通信和射频小小区网络中,能够有效地实现数据聚合和集中的网络控制,同时可以简化网络配置并支持灵活的网络资源管理[6]。基于软件定义无线网络控制器的可重编程特性,物理基础设施和无线电资源可以很容易地在软件定义无线网络之间共享。然而,小区间干扰对可见光通信应用造成了严重的限制。因此,文献[7]的作者分析了各种受干扰的可见光通信系统。文献[8]的作者研究了为可见光通信系统设想的抗干扰技术。

　　本章在考虑回程约束、服务质量要求和小区间干扰限制的基础上,提出了一种新的基于软件定义的异构双生可见光和射频小小区网络优化框架。利用 Dinkelbach 算法将原分数形式的目标函数转化为减法形式的函数,然后用交替方向乘子法(alternating direction method of multipliers, ADMM)求解优化问题。仿真结果验证了该方案在可见光通信和射频系统中的有效性。

5.2　系　统　模　型

5.2.1　模型建立

本章研究了基于正交频分多址的室内下行链路异构可见光和射频小蜂窝网络的节能资源分配问题。M 个移动终端(mobile terminal, MT)由射频系统的 F 个小小区和可见光通信系统的 L 个发光二极管阵列支持。移动终端、发光二极管阵列和小小区接入点(access point, AP)的集合表示为 $\mathcal{M} = \{1,2,\cdots,m,\cdots,M\}$，$\mathcal{L} = \{1,2,\cdots,l,\cdots,L\}$ 和 $\mathcal{F} = \{1,2,\cdots,f,\cdots,F\}$。每个发光二极管阵列由一定数量的发光二极管组成。令 $\mathcal{K}^{\mathrm{VLC}} = \{1,2,\cdots,k^{\mathrm{VLC}},\cdots,K^{\mathrm{VLC}}\}$ 和 $\mathcal{K}^{\mathrm{RF}} = \{1,2,\cdots,k^{\mathrm{RF}},\cdots,K^{\mathrm{RF}}\}$ 分别表示可见光通信系统和射频系统的子信道集合。所有发光二极管阵列均匀分布在天花板上，同样，所有的射频接入点也在室内均匀分布，而所有移动终端在可见光和射频接入点的覆盖区域内随机均匀分布，并且每个移动终端都具有支持与射频和可见光通信网络同时关联的多归属能力，这种多归属能力可使能量效率得到实质性的提高[2]。

实际上，射频和可见光通信系统中视距(line of sight, LoS)传播的可用性被定义为移动终端和相应接入点之间的链路中没有障碍物的概率，分别用 ρ_{VLC} 和 ρ_{RF} 表示。

5.2.2　软件定义的可见光和射频小型基站系统

本章考虑基于软件定义的异构可见光和射频的小小区系统。如图 5-1 所示，基础设施层表示一个室内无线接入网络，其中统一部署了可见光通信辅助和基于

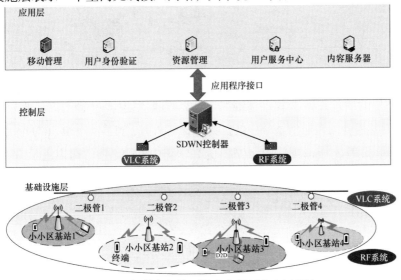

图 5-1　软件定义的可见光和射频小小区系统

射频的小小区接入点，移动终端被随机分布在可见光小区和射频小小区的重叠区域。我们还使用了一个软件定义无线网络控制器，控制器掌握整个网络的状态和无线资源的状态，因此它通过编程来处理整个接入网络的管理问题[6]。该控制器可以通过对可见光通信系统的控制同时调节调制方式和传输速率。应用层通过应用接口与控制层错综复杂地连接在一起，其中包括来自不同运营商或设备提供商的服务器。

5.3　问题建模

5.3.1　可见光通信系统

在可见光通信系统中，我们假设发光二极管在提出的系统模型中总是亮着的。发光二极管的照射角定义为 Ψ_{ir} 和 Ψ_{in}，表示从发光二极管的 l 阵列到第 m 个移动终端的辐射角。$g_{l,m,k}^{\text{VLC}}{}^{\text{VLC}}$ 为子信道 k^{VLC} 在可见光通信系统中从发光二极管的 l 阵列到第 m 个移动终端的信道增益，可以表示为

$$g_{l,m,k^{\text{VLC}}}^{\text{VLC}} = \begin{cases} \rho_{\text{VLC}} \dfrac{(n+1)A_m T(\Psi_{\text{in}})}{2\pi \left(d_{l,m}^{\text{VLC}}\right)^2} \Delta g(\Psi_{\text{in}}), & \Psi_{\text{in}} \leqslant \Psi_c \\ 0, & \Psi_{\text{in}} > \Psi_c \end{cases} \tag{5-1}$$

式中，n 是朗伯辐射的阶数，由半照明功率值 $\Phi_{\frac{1}{2}}$ 处的发光二极管的半角度定义：

$$n = \frac{\ln 2}{\ln\left(\cos \Phi_{\frac{1}{2}}\right)} \tag{5-2}$$

A_m 是在第 m 个移动终端处的光电探测器的物理面积；$T(\Psi_{\text{in}})$ 是可见光接收器处光学滤波器的增益；Ψ_c 为移动终端的可见光接收器处的视场角(field of view, FoV)宽度；$d_{l,m}^{\text{VLC}}$ 是可见光通信系统中的发光二极管阵列 l 到移动终端 m 的光接收器的距离；$\Delta = \cos^n(\Psi_{\text{ir}})\cos(\Psi_{\text{in}})$；$g(\Psi_{\text{in}})$ 为光学集中器的增益，可以表示为

$$g(\Psi_{\text{in}}) = \begin{cases} \dfrac{n^2}{\sin^2 \Psi_c}, & \Psi_{\text{in}} \leqslant \Psi_c \\ 0, & \Psi_{\text{in}} > \Psi_c \end{cases} \tag{5-3}$$

此外，当每个发光二极管阵列发射相同的同步信号时，来自不同光源的干扰可以忽略。然而，当不同光源发射不同的信号时，SINR 将严重退化。假设大部分

噪声是由于外界的光通过窗口到达而产生的散粒噪声,我们还将热噪声考虑在内。因此,从发光二极管的阵列 l 到移动终端 m 的子信道 k^{VLC} 的总方差 σ_{VLC}^2 变为

$$\sigma_{\text{VLC}}^2 = \sigma_{\text{shot}}^2 + \sigma_{\text{thermal}}^2 + \sigma_{\text{ISI}}^2 \tag{5-4}$$

式中,散粒噪声方差 σ_{shot}^2 为

$$\sigma_{\text{shot}}^2 = 2q\gamma P_r B + 2qI_{\text{bg}}I_1 B \tag{5-5}$$

式中, q 为电荷; γ 为光电探测器的响应度; B 为等效噪声带宽; I_{bg} 为外界光引起的本底电流; I_1 为实验确定的常数。此外,式(5-4)中的热噪声方差为

$$\sigma_{\text{thermal}}^2 = \frac{8\pi KT_K}{G}\eta AI_1 B^2 + \frac{16\pi^2 KT_K\Gamma}{g_m}\eta^2 A^2 I_2 B^3 \tag{5-6}$$

式中, K 为玻尔兹曼常量; T_K 为热力学温度; G 为开环电压增益; η 为光电探测器单位面积的固定电容; Γ 为场效应管的信道噪声系数; g_m 为场效应管跨导; I_2 为实验确定的常数。最后,式(5-4)中码间串扰(inter symbol interference, ISI)的方差为

$$\sigma_{\text{ISI}}^2 = \gamma^2 P_{\text{rISI}}^2 \tag{5-7}$$

式中, P_{rISI} 表示干涉的功率。

5.3.2　射频下行链路系统

我们考虑了可见光和射频系统的下行链路。令 $g_{f,m,k^{\text{RF}}}^{\text{RF}}$ 表示射频系统子信道 k^{RF} 上的射频小小区 f 和移动终端 m 之间的信道增益。射频系统的信道功率增益捕获信道衰落和路径损耗,其中 $g_{f,m,k^{\text{RF}}}^{\text{RF}}$ 的表达式为

$$g_{f,m,k^{\text{RF}}}^{\text{RF}} = 10^{-\text{PL[dB]}/10} \tag{5-8}$$

式中, PL 是射频路径损耗,单位为 dB,其表达式为

$$\text{PL[dB]} = A\lg(d_{f,m}^{\text{RF}}) + B + C\lg\left(\frac{f_c}{5}\right) + X \tag{5-9}$$

式中, f_c 是以 GHz 为单位的载波频率; $d_{f,m}^{\text{RF}}$ 是射频系统中从小小区 f 到移动终端 m 的距离。此外,根据传播模型, A 、 B 和 C 为常数。 X 表示非视距发射场景中的穿墙损失。

子信道 k^{RF} 上小小区 f 到移动终端 m 的干扰方差为

$$\sigma_{\text{RF}}^2 = \sigma_{\text{AWGN}}^2 + \sigma_{\text{inter}}^2 \tag{5-10}$$

式中，σ^2_{AWGN} 是加性高斯白噪声方差；σ^2_{inter} 是小区间干扰方差。σ^2_{AWGN} 的表达式为

$$\sigma^2_{\text{AWGN}} = KTB_{\text{MT}} \tag{5-11}$$

式中，K 是玻尔兹曼常量；T 是环境温度；B_{MT} 是分配给用户移动终端的带宽。

5.3.3 能量有效性优化问题

令 $p^{\text{RF}}_{f,m,k^{\text{RF}}}$ 表示在射频子信道 k^{RF} 上从小小区 f 传输至移动终端 m 的功率。类似地，令 $p^{\text{VLC}}_{l,m,k^{\text{VLC}}}$ 表示在可见光通信子信道 k^{VLC} 上从发光二极管阵列 l 传输至移动终端 m 的功率。$b^{\text{RF}}_{f,m,k^{\text{RF}}}$ 和 $b^{\text{VLC}}_{l,m,k^{\text{VLC}}}$ 是二进制变量，它们表示子信道分配指数，$b^{\text{RF}}_{f,m,k^{\text{RF}}}=1$ 意味着子信道 k^{RF} 是从射频系统的小小区 f 到移动终端 m 的信道；否则，$b^{\text{RF}}_{f,m,k^{\text{RF}}}=0$。同样地，在可见光通信系统中，$b^{\text{VLC}}_{l,m,k^{\text{VLC}}}=1$ 意味着子信道 k^{VLC} 是从发光二极管阵列 l 到移动终端 m 的信道；否则，$b^{\text{VLC}}_{l,m,k^{\text{VLC}}}=0$。

我们已经提到，当在传输链路中发生阻塞事件而导致视距路径不可用时，接收机将接收不到光信号。因此，基于香农容量公式，在假定子信道的单位带宽的情况下，通过计算视距和非视距可用性的概率，可以计算发光二极管阵列 l 的子信道 k^{VLC} 上可实现的下行链路容量的期望值，如下：

$$C^{\text{VLC}}_{l,m,k^{\text{VLC}}} = \rho_{\text{VLC}} \log_2(1 + \gamma^{\text{LOS,VLC}}_{l,m,k^{\text{VLC}}}) \tag{5-12}$$

相比之下，在射频系统中，考虑了非视距部分，因此其容量计算为

$$C^{\text{RF}}_{f,m,k^{\text{RF}}} = \rho_{\text{RF}} \log_2(1 + \gamma^{\text{LOS,RF}}_{f,m,k^{\text{RF}}}) + (1 - \rho_{\text{RF}})\log_2(1 + \gamma^{\text{NLOS,RF}}_{f,m,k^{\text{RF}}}) \tag{5-13}$$

可见光和射频系统的信噪比分别定义为

$$\gamma^{\text{VLC}}_{l,m,k^{\text{VLC}}} = \gamma^2 (p^{\text{VLC}}_{l,m,k^{\text{VLC}}})^2 h^{\text{VLC}}_{l,m,k^{\text{VLC}}} \tag{5-14}$$

$$\gamma^{\text{RF}}_{l,m,k^{\text{RF}}} = p^{\text{RF}}_{f,m,k^{\text{RF}}} h^{\text{RF}}_{f,m,k^{\text{RF}}} \tag{5-15}$$

用 $h^{\text{VLC}}_{l,m,k^{\text{VLC}}}$ 和 $h^{\text{RF}}_{f,m,k^{\text{RF}}}$ 分别表示信道的衰落系数：

$$h^{\text{VLC}}_{l,m,k^{\text{VLC}}} = \frac{g^{\text{VLC}}_{l,m,k^{\text{VLC}}}}{\sigma^2_{\text{VLC}}} \tag{5-16}$$

$$h^{\text{RF}}_{l,m,k^{\text{RF}}} = \frac{g^{\text{RF}}_{f,m,k^{\text{RF}}}}{\sigma^2_{\text{RF}}} \tag{5-17}$$

因此，在射频系统的小小区 f 中，移动终端 m 可用容量表示为

$$C_{f,m}^{RF}(P^{RF}, B^{RF}) = \sum_{k^{RF}=1}^{K^{RF}} b_{f,m,k^{RF}}^{RF} C_{f,m,k^{RF}}^{RF} \tag{5-18}$$

同样，从可见光通信系统的可见光接入点 l 收集的移动终端 m 的容量为

$$C_{l,m}^{VLC}(P^{VLC}, B^{VLC}) = \sum_{k^{VLC}=1}^{K^{VLC}} b_{l,m,k^{VLC}}^{VLC} C_{l,m,k^{VLC}}^{VLC} \tag{5-19}$$

每个小小区的容量为

$$C_{f}^{RF}(P^{RF}, B^{RF}) = \sum_{m=1}^{M}\sum_{k^{RF}=1}^{K^{RF}} b_{f,m,k^{RF}}^{RF} C_{f,m,k^{RF}}^{RF} \tag{5-20}$$

每个可见光接入点的容量为

$$C_{l}^{VLC}(P^{VLC}, B^{VLC}) = \sum_{m=1}^{M}\sum_{k^{VLC}=1}^{K^{VLC}} b_{l,m,k^{VLC}}^{VLC} C_{l,m,k^{VLC}}^{VLC} \tag{5-21}$$

因此，系统的总容量为

$$C_T = \sum_{l=1}^{L} C_l^{VLC}(P^{VLC}, B^{VLC}) + \sum_{f=1}^{F} C_f^{RF}(P^{RF}, B^{RF}) \tag{5-22}$$

然而总功耗如文献[2]所计算为

$$P_T = P_{VLC} + P_{RF} + \sum_{f=1}^{F}\sum_{m=1}^{M}\sum_{k^{RF}}^{K^{RF}} p_{f,m,k^{RF}}^{RF} \tag{5-23}$$

式中，第一部分 P_{VLC} 是可见光通信系统为其电路操作、数据处理和数据传输以及照明而消耗的固定功率；第二部分 P_{RF} 表示射频系统中数据处理电路所消耗的功率；第三部分为发射功率。

我们将系统能量效率定义为频谱效率与两个系统消耗的总功率之比[2,9]。因此，目标函数可以表述为

$$\max_{p_{l,m,k^{VLC}}^{VLC}, p_{f,m,k^{RF}}^{RF}, b_{l,m,k^{VLC}}^{VLC}, b_{f,m,k^{RF}}^{RF}} \frac{C_T}{P_T} \tag{5-24}$$

$$C_1: \sum_{m=1}^{M}\sum_{k^{VLC}=1}^{K^{VLC}} b_{l,m,k^{VLC}}^{VLC} p_{l,m,k^{VLC}}^{VLC} \leqslant p_{l,max}^{VLC}, \quad \forall l$$

$$C_2: \sum_{m=1}^{M}\sum_{k^{RF}=1}^{K^{RF}} b_{f,m,k^{RF}}^{RF} p_{f,m,k^{RF}}^{RF} \leqslant p_{f,max}^{RF}, \quad \forall f$$

$$C_3: 0 \leqslant p_{l,m,k^{VLC}}^{VLC} \leqslant p_{l,max}^{VLC}, \quad \forall l \in \mathcal{L}, \forall k^{VLC}, \forall m$$

$$C_4: 0 \leqslant p_{l,m,k^{RF}}^{RF} \leqslant p_{f,max}^{RF}, \quad \forall f \in \mathcal{F}, \forall k^{RF}, \forall m \tag{5-25}$$

$$C_5 : C_{l,m}^{\text{VLC}} + C_{f,m}^{\text{RF}} \geqslant C_{m,\min}, \quad \forall m$$

$$C_6 : \sum_{m=1}^{M} \sum_{k^{\text{VLC}}=1}^{K^{\text{VLC}}} C_{l,m,k^{\text{VLC}}}^{\text{VLC}} \leqslant C_{l,\max}^{\text{VLC}}, \quad \forall l$$

$$C_7 : \sum_{m=1}^{M} \sum_{k^{\text{RF}}=1}^{K^{\text{RF}}} C_{f,m,k^{\text{RF}}}^{\text{RF}} \leqslant C_{f,\max}^{\text{RF}}, \quad \forall f$$

$$C_8 : \sum_{i=1,i\neq f}^{F} g_{i,m,k^{\text{RF}}}^{\text{RF}} p_{i,m,k^{\text{RF}}}^{\text{RF}} \leqslant I^{\text{th}}, \quad \forall m, \forall k^{\text{RF}}$$

$$C_9 : b_{l,m,k^{\text{VLC}}}^{\text{VLC}} \in \{0,1\}, \quad \forall l, \forall k^{\text{VLC}}, \forall m$$

$$C_{10} : b_{f,m,k^{\text{RF}}}^{\text{RF}} \in \{0,1\}, \quad \forall f, \forall k^{\text{RF}}, \forall m$$

$$C_{11} : \sum_{m=1}^{M} b_{l,m,k^{\text{VLC}}}^{\text{VLC}} \leqslant 1, \quad \forall l, \forall k^{\text{VLC}}$$

$$C_{12} : \sum_{m=1}^{M} b_{f,m,k^{\text{RF}}}^{\text{RF}} \leqslant 1, \quad \forall f, \forall k^{\text{RF}}$$

约束 C_1 和 C_2 是总功率约束，将每个接入点的总发射功率限制在每个接入点的最大发射功率以内；约束 C_3 和 C_4 确保发射机具有非负输出和最大光功率。约束 C_5 是用户服务质量保证，要求第 m 个移动终端的容量要大于或等于所需的最小容量。约束 C_6 和 C_7 是回程约束，表示每个发光二极管阵列和每个小小区接入点在每个系统中回程链路的最大可用容量；约束 C_8 是同层小区间干扰约束，I^{th} 表示子信道 k^{RF} 上的最大可容许干扰电平；约束 C_9 和 C_{10}（与 C_{11} 和 C_{12} 结合）是用户调度约束，要求在某一时刻一个子信道最多可分配给每个小小区和发光二极管小区中一个用户。

5.4 资源分配算法

本节将无线资源分配问题转化为凸优化问题，并提出一个迭代算法来计算最优功率和子信道分配。在计算复杂度方面，本章提出了一种分布式低复杂度子信道和功率分配算法，主要分为三个步骤：①采用 Dinkelbach 算法将原分数形式的目标函数转化为减法形式的目标函数；②次优子信道的分配考虑了满足异构用户服务质量的保证；③采用交替方向乘子算法求解同层小小区干扰约束下的最优功率分配。

我们将原分数形式的目标函数转化为减法形式的函数，以求得优化问题的最优解：

$$F(\lambda) = \max_{p_{l,m,k}^{\mathrm{VLC}}, p_{f,m,k}^{\mathrm{RF}}, b_{l,m,k}^{\mathrm{VLC}}, b_{f,m,k}^{\mathrm{RF}}} C_{\mathrm{T}} - \lambda P_{\mathrm{T}} \tag{5-26}$$

式中，参数 λ 是辅助变量。本章的 Dinkelbach 算法已经被证明是收敛的[5]，可以在有限的迭代次数内得到式(5-24)的最优解。然后，本章通过借助分布式子信道和功率分配方案，解决了由此产生的 $F(\lambda)$ 问题。

5.4.1　子信道分配

我们在固定功率的同时优化子信道分配，这意味着，从每个接入点到每个移动终端的每个子信道功率分配方案，应当使子信道被分配给功率增益最高的特定链路，如式(5-27)和式(5-28)所示。然后分配剩余的子信道以保证用户服务质量的需求，同时使系统总容量最大化。算法 5-1 总结了由此产生的子信道分配算法。

$$b_{l^*,m^*,k}^{\mathrm{VLC}} = \begin{cases} 1, & (l^*, m^*) = \arg\max_{l,m} H_{l,m,k}^{\mathrm{VLC}} \\ 0, & \text{其他} \end{cases} \tag{5-27}$$

$$b_{f^*,m^*,k}^{\mathrm{RF}} = \begin{cases} 1, & (f^*, m^*) = \arg\max_{f,m} H_{f,m,k}^{\mathrm{RF}} \\ 0, & \text{其他} \end{cases} \tag{5-28}$$

子信道分配矩阵 $\tilde{\boldsymbol{B}}^{\mathrm{RF}}$ 和 $\tilde{\boldsymbol{B}}^{\mathrm{VLC}}$ 可以用算法 5-1 得到。

算法 5-1　本节提出的子信道分配算法

1.　初始化：

2.　for　$m = 1$　to　M　do

3.　　　while　$C_m = C_{l,m}^{\mathrm{VLC}} + C_{f,m}^{\mathrm{RF}} < C_{m,\min}$　do

4.　　　　式(5-27)和式(5-28)；

5.　　　　$\mathcal{K}^{\mathrm{VLC}} := \mathcal{K}^{\mathrm{VLC}} \setminus k *^{\mathrm{VLC}}$；$\mathcal{K}^{\mathrm{RF}} := \mathcal{K}^{\mathrm{RF}} \setminus k *^{\mathrm{RF}}$；

6.　　　　$K^{\mathrm{VLC}} := K^{\mathrm{VLC}} - 1$；$K^{\mathrm{RF}} := K^{\mathrm{RF}} - 1$；

7.　　　　$C_m := C_m + C_{l,m}^{\mathrm{VLC}} + C_{f,m}^{\mathrm{RF}}$

8.　　　end while

9.　end for

10.　while　$\mathcal{K}^{\mathrm{VLC}} \neq \varnothing$　do

11.　　　式(5-27)；

12.　　　if　$K^{\mathrm{VLC}} > 0$　then

13.　　　$K^{\text{VLC}} := K^{\text{VLC}} - 1$

14.　　　$\mathcal{K}^{\text{VLC}} := \mathcal{K}^{\text{VLC}} \setminus k^{\text{VLC}}$;

15.　　end if

16.　while $\mathcal{K}^{\text{RF}} \neq \varnothing$ do $\quad b_{l,m,k^{\text{VLC}}}^{\text{VLC}} = 0, \forall l,m,k^{\text{VLC}};\ b_{f,m,k^{\text{RF}}}^{\text{RF}} = 0, \forall f,m,k^{\text{RF}};$

17.　　式(5-28);

18.　　if $K^{\text{RF}} > 0$ then

19.　　　$K^{\text{RF}} := K^{\text{RF}} - 1;$

20.　　　$\mathcal{K}^{\text{RF}} := \mathcal{K}^{\text{RF}} \setminus k^{\text{RF}};$

21.　　end if

22.　end while

我们可以将式(5-26)的优化问题改写为

$$\min_{p_{l,m,k^{\text{VLC}}}^{\text{VLC}}, p_{f,m,k^{\text{RF}}}^{\text{RF}}} - f(p_{l,m,k^{\text{VLC}}}^{\text{VLC}}, p_{f,m,k^{\text{RF}}}^{\text{RF}}, \tilde{b}_{l,m,k^{\text{VLC}}}^{\text{VLC}}, \tilde{b}_{f,m,k^{\text{RF}}}^{\text{RF}}) = \lambda P_{\text{T}} - \tilde{C}_{\text{T}} \tag{5-29}$$

式中，$\lambda P_{\text{T}} - \tilde{C}_{\text{T}}$ 可重新定义为

$$\lambda P_{\text{T}} - \tilde{C}_{\text{T}} = \lambda \left(P_{\text{VLC}} + P_{\text{RF}} + \sum_{f=1}^{F} \sum_{m=1}^{M} \sum_{k^{\text{RF}}}^{K^{\text{RF}}} p_{f,m,k^{\text{RF}}}^{\text{RF}} \right)$$

$$- \sum_{l=1}^{L} \sum_{m=1}^{M} \sum_{k^{\text{VLC}}=1}^{K^{\text{VLC}}} \tilde{b}_{l,m,k^{\text{VLC}}}^{\text{VLC}} C_{l,m,k^{\text{VLC}}}^{\text{VLC}} - \sum_{f=1}^{F} \sum_{m=1}^{M} \sum_{k^{\text{VLC}}=1}^{K^{\text{VLC}}} \tilde{b}_{f,m,k^{\text{VLC}}}^{\text{RF}} C_{f,m,k^{\text{RF}}}^{\text{RF}} \tag{5-30}$$

我们考虑同样的功率限制，在式(5-24)的背景下的式(5-25)中。此外，我们可以在每个网络中使用文献[10]的交替方向乘子算法技术。

5.4.2　功率分配

我们引入了交替方向乘子算法来解决最优功率分配问题。为了利用无标度形式的交替方向乘子算法来解决优化问题，我们引入了辅助向量 $\boldsymbol{x}_{\text{RF}}$ 和 $\boldsymbol{z}_{\text{RF}}$，$\boldsymbol{x}_{\text{RF}}$ 由功率分配矩阵中的元素组成，$\boldsymbol{z}_{\text{RF}}$ 是一个全局辅助向量，其每个元素都与 $\boldsymbol{x}_{\text{RF}}$ 中的一个元素相对应。我们还将矩阵 $\boldsymbol{\Phi}$ 定义为约束集C_5。现在介绍一下指示函数：

$$g(\boldsymbol{z}_{\text{RF}}) = \begin{cases} 0, & \boldsymbol{z}_{\text{RF}} \in \boldsymbol{\Phi} \\ +\infty, & \text{其他} \end{cases} \tag{5-31}$$

接下来，优化问题可以重新表述为

$$\min_{\boldsymbol{x}_{\text{RF}}, \boldsymbol{z}_{\text{RF}}} - f(\boldsymbol{x}_{\text{RF}}, \tilde{\boldsymbol{B}}^{\text{RF}}) + g(\boldsymbol{z}_{\text{RF}}) \tag{5-32}$$

$$\text{s.t.}\quad \boldsymbol{x}_{\text{RF}} - \boldsymbol{z}_{\text{RF}} = 0 \tag{5-33}$$

以比例形式表示的增广拉格朗日方程可以表示为

$$L_\rho^{\text{RF}} = -f\left(\boldsymbol{x}_{\text{RF}}, \tilde{\boldsymbol{B}}^{\text{RF}}\right) + g(\boldsymbol{z}_{\text{RF}}) - \frac{\rho}{2}\|\mu_{\text{RF}}\|_2^2 + \frac{\rho}{2}\left\|\boldsymbol{x}_{\text{RF}} - \boldsymbol{z}_{\text{RF}}^t + \mu_{\text{RF}}\right\|_2^2 \tag{5-34}$$

式中，μ_{RF} 是标度对偶变量。我们的优化问题现在可以使用以下步骤来解决：

$$L_\rho^{\text{RF}} = -f(\boldsymbol{x}_{\text{RF}}, \tilde{\boldsymbol{B}}^{\text{RF}}) + g(\boldsymbol{z}_{\text{RF}}) - \frac{\rho}{2}\|\mu_{\text{RF}}\|_2^2 + \frac{\rho}{2}\|\boldsymbol{x}_{\text{RF}} - \boldsymbol{z}_{\text{RF}}^t + \mu_{\text{RF}}\|_2^2$$

$$\boldsymbol{z}_{\text{RF}}^{t+1} := \arg\min_{\boldsymbol{z}_{\text{RF}}}\left\{\|\boldsymbol{x}_{\text{RF}}^{t+1} - \boldsymbol{z}_{\text{RF}} + \mu_{\text{RF}}^t\|_2^2\right\} \tag{5-35}$$

$$\mu_{\text{RF}}^{t+1} := \mu_{\text{RF}}^t + (\boldsymbol{x}_{\text{RF}}^{t+1} - \boldsymbol{z}_{\text{RF}}^{t+1})$$

同样，在可见光通信系统中，我们也使用交替方向乘子算法来更新功率分配。因为这个过程对于射频和可见光通信系统几乎是相同的，所以不再重复它。

算法 5-2 总结了在射频系统中使用交替方向乘子算法的功率分配算法。

算法 5-2　射频系统中的功率分配

1. 初始化：每个小小区 $f \in F$ 收集 CSI 并通过算法 5-1 确定子信道分配矩阵 $\tilde{\boldsymbol{B}}^{\text{RF}}$；
2. 小小区初始化 $\boldsymbol{x}_{\text{RF}}^0 = 0, \boldsymbol{z}_{\text{RF}}^0 \in C_5$ 和 $\mu_{\text{RF}}^0 > 0$，惩罚参数 $\rho_{\text{RF}} = 0$ 且迭代指数 $t = 0$；
3. while $f(p_{f,m,k^{\text{RF}}}^{\text{RF}}, \tilde{b}_{f,m,k^{\text{RF}}}^{\text{RF}}) > \xi$ do
4. 　　每个小小区 $f \in F$ 更新 $\boldsymbol{x}_{\text{RF}}^{t+1}, \boldsymbol{z}_{\text{RF}}^{t+1}$ 和 μ_{RF}^{t+1}；
5. 　　$t := t + 1$；
6. end while

5.5　仿真结果与分析

本节将通过讨论仿真结果来描述我们的资源分配算法。可见光通信系统的载频为 1014Hz，带宽为 20MHz。射频小小区的载频为 20GHz，带宽为 10MHz。其他用于可见光通信系统的主要参数见文献[11]。

图 5-2 显示了我们所提出的节能资源分配算法的收敛性，即总能量效率与异构的可见光和射频小小区系统、仅可见光通信系统和仅射频系统的迭代次数的关系。我们假设每个射频小小区接入点的发射功率为 20mW。假设房间尺寸为 20m×20m×3m，从图 5-2 可以看出，我们提出的节能资源分配算法在 20 次迭代后已经达到收敛。

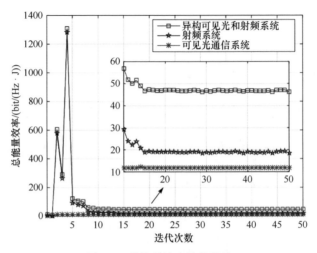

图 5-2　总能量效率的收敛性

　　图 5-3 显示了在每个可见光和射频重叠的覆盖区域中，下行链路的总能量效率与移动终端的数量的关系。为了便于比较，还包括仅射频系统和仅可见光通信系统的总能量效率。我们可以看到，移动终端越多，性能就越好。这是因为在可见光和射频小小区系统中，子信道的数目是固定的，所以当在每个重叠覆盖区域中移动终端的数目增加时，每个子信道有更多的候选链路可供选择。因此，随着移动终端数量的增加，能量效率提高。

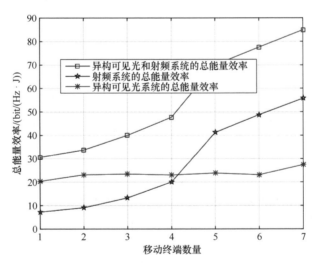

图 5-3　总能量效率与移动终端数量的关系

5.6 总 结

本章在考虑用户需求和小区间干扰的基础上，采用软件定义的思想，研究了基于可见光和射频的异构双生系统的节能资源分配问题。提出了分布式正交频分多址子信道和功率分配算法，解决了异构可见光和射频的资源优化问题。利用 Dinkelbach 算法将分式优化问题转化为减法优化问题。接着，我们设计了基于交替方向乘子算法的子信道和功率分配算法。仿真结果表明，提出的方案能够在几次迭代内收敛，并且在一定的功耗下可以显著提高吞吐量。

参 考 文 献

[1] Zhang H J, Liu N, Chu X L, et al. Network slicing based 5G and future mobile networks: Mobility, resource management, and challenges. IEEE Communications Magazine, 2017, 55(8): 138-145.

[2] Kashef M, Ismail M, Abdallah M, et al. Energy efficient resource allocation for mixed RF/VLC heterogeneous wireless networks. IEEE Journal on Selected Areas in Communications, 2016, 34(4): 883-893.

[3] Zhang R, Wang J, Wang Z, et al. Visible light communications in heterogeneous networks: Paving the way for user-centric design. IEEE Wireless Communications, 2015, 22(2): 8-16.

[4] Komine T, Nakagawa M. Fundamental analysis for visible-light communication system using LED lights. IEEE Transactions on Consumer Electronics, 2004, 50(1): 100-107.

[5] Jin F, Zhang R, Hanzo L, et al. Resource allocation under delay-guarantee constraints for heterogeneous visible-light and RF femtocell. IEEE Transactions on Wireless Communications, 2015, 14(2): 1020-1034.

[6] Bernardos C J, Oliva A D L, Serrano P, et al. An architecture for software defined wireless networking. IEEE Wireless Communications, 2014, 21(3): 52-61.

[7] Rahaim M, Little T D C. Optical interference analysis in visible light communication networks. Proceedings of IEEE International Conference on Communication Workshop, London, 2015: 1410-1415.

[8] Li X, Jin F, Zhang R, et al. Users first: User-centric cluster formation for interference-mitigation in visible-light networks. IEEE Transactions on Wireless Communications, 2016, 15(1): 39-53.

[9] Dong Y J, Zhang H J, Hossain M J, et al. Energy efficient resource allocation for OFDMA full duplex distributed antenna systems with energy recycling. Proceedings of IEEE Global Communications Conference, San Diego, 2015: 1-6.

[10] Boyd S, Parikh N, Chu E, et al. Distributed optimization and statistical learning via the alternating direction method of multipliers. Foundations and Trends in Machine Learning, 2011, 3(1): 110-122.

[11] Zhang H J, Liu N, Long K P, et al. Energy efficient resource allocation for the software-defined VLC and RF small cells. Proceedings of IEEE/CIC International Conference on Communications in China, Qingdao, 2017: 1-6.

第6章 超密集异构网络中基于 Q学习的用户关联与功率分配

6.1 引　言

随着移动智能设备的快速发展，目前对网络容量的需求也急剧增加。针对大量小型基站的部署，如飞蜂窝基站、微蜂窝基站和小蜂窝基站[1,2]等，学术界已经提出了一些以提高网络容量为目标的策略。在密集的基站之间存在的异构性使网络成为超密集异构网络(ultra dense heterogeneous network, UDHN)[3-5]。异构使基站与用户之间的连接距离更近，可以提高网络的总容量。当网络体系结构从传统结构变为异构结构时，新的挑战也随之出现，如网络设计、资源分配和用户关联等。

在常规的网络系统中，用户关联通常基于最大化 SINR 来确定[6]。但是这种方式在异构网络中可能并不如在常规网络中有效。如果在异构网络中采用 SINR 最大化的方法，用户在连接到基站时优先选择的往往是大功率的宏基站，这种情况很容易造成宏基站超负荷运行，并且被分配给用户的资源是有限的，同时也导致了小型基站的低利用率。另外，密集基站的部署使网络能耗更大。为了符合当前绿色通信的要求，异构网络的能量效率需要提高。也正因如此，网络中的传输功率是必须进行优化的。

当前一些研究主要集中关注用户关联部分的优化[7-9]。文献[7]采用一种集中式次梯度算法来解决多输入多输出网络中用户关联的优化问题。文献[8]在解决异构蜂窝网络中的用户关联的优化问题时考虑了上行链路传输和下行链路传输。文献[9]在优化异构网络中的用户关联时考虑到了用户优先级。文献[10]和文献[11]关注了网络效率优化，其中文献[10]考虑了用户服务质量约束和发射功率限制，文献[11]在无线网状网络的功率优化中引入了强化学习，并且证明了所提方法的收敛性与可行性。同时，对功率优化和用户关联协同考虑的研究也有很多。文献[12]将相应的优化问题建模为混合整数规划问题，然后使用迭代梯度方案进行求解。为了解决关联和资源分配的问题，文献[13]设计了一种基于对偶分解的分布式算法。

本章将在超密集异构网络中联合用户关联和功率分配对优化问题进行建模。通过解决该优化问题，可以在能量效率提高的同时实现负载平衡。针对功率优化引入了强化学习，提出了一种基于多智能体 Q 学习的联合用户关联和功率优化算法。利用训练的结果，该算法可以解决优化问题。

6.2　系 统 模 型

在图 6-1 中设置的网络场景是由一个宏小区和密集小小区组成的超密集异构网络。在传统网络的下行链路中，用户与基站之间的关联取决于 SINR 最大化方案。我们关注的内容是如何让用户选择连接到对于整个 UDHN 效率来说具有最佳发射功率的合适基站。集合 $B = \{1,2,\cdots,j,\cdots,M\}$ 表示所有基站，包括一个宏基站和 $M-1$ 个小基站。集合 $U = \{1,2,\cdots,i,\cdots,N\}$ 表示用户。规定与一个小基站关联的用户数限制为 K_j，并且每个用户只能选择一个基站进行关联。用 $x_{i,j}$ 表示用户 i 与基站 j 之间的关联情况，如果用户与基站相关联，则 $x_{i,j} =1$，否则 $x_{i,j} = 0$。

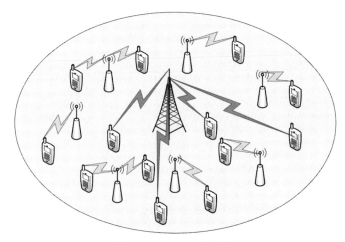

图 6-1　超密集异构网络

从基站 j 到用户 i 的信道增益由 $\left|h_{i,j}\right|^2$ 表示。用户 i 的 SINR 可以表示为

$$\gamma_{i,j} = \frac{p_{i,j}\left|h_{i,j}\right|^2}{\displaystyle\sum_{k,k\neq j}^{M} p_k^m \left|h_{i,j}\right|^2 + \sigma^2} \tag{6-1}$$

式中，$p_{i,j}$ 表示从基站 j 到用户 i 的发射功率；σ^2 是加性高斯白噪声方差。当用户 i 与基站 j 之间相关联时，用户 i 的到达速率可以表示为

$$c_{i,j} = \omega_{i,j} \log_2\left(1+\gamma_{i,j}\right) \tag{6-2}$$

式中，$\omega_{i,j}$ 表示信道带宽。在考虑能量效率时，用 $p_{c,j}$ 表示基站 j 的电路消耗。超密集网络的总功耗可以表示为

$$U_c(x,p) = \sum_j p_{c,j} + \sum_i \sum_j x_{i,j} p_{i,j} \tag{6-3}$$

本章的目的是通过对用户关联和功率优化的研究来实现负载平衡并提高网络的能量效率。因此接下来需要研究的是效用最大化问题。

6.3   超密集异构网络的优化框架

在超密集异构网络中，一个宏基站与几个小基站为移动用户提供连接服务，为了满足较高的 QoS，有些基站会出现过载情况，因此实现基站的负载平衡是一项重要的优化内容。此外对于绿色通信来说，超密集网络的高能耗是一个不容忽视的问题。因此对于用户关联和发射功率需要设置相关的约束。$\sum_i x_{i,j} = K_j, \forall j \in B$

表示基站的最大连接数为 K_j，$\sum_i x_{i,j} p_{i,j} \leqslant P_{j,m}, \forall j \in B$ 表示基站的总功率受到 $P_{j,m}$ 的限制，$p_{i,j} \leqslant p_{\max}$ 表示每个信道的最大发射功率为 $p_{\max}$。网络效用需要能够反映出用户关联和能量效率，效用函数定义为

$$f(x,p) = \sum_{i \in U} \sum_{j \in B} \frac{x_{i,j} c_{i,j}}{U_c(x,p)} \tag{6-4}$$

效用优化问题可以表示为

$$\max_{x,p} f(x,p) = \max_{x,p} \sum_{i \in U} \sum_{j \in B} \frac{x_{i,j} c_{i,j}}{U_c(x,p)}$$

$$\text{s.t.} \begin{cases} \sum_i x_{i,j} p_{i,j} \leqslant P_{j,m}, \forall j \in B \\ \sum_j x_{i,j} = 1, \forall i \in U \\ p_{i,j} \leqslant p_{\max} \\ x_{i,j} \in \{0,1\}, \forall i \in U \\ \sum_i x_{i,j} = K_j, \forall j \in B \\ x_{i,j} c_{i,j} \geqslant R_t, \forall i \in U, \forall j \in B \end{cases} \tag{6-5}$$

式中，约束 $x_{i,j} c_{i,j} \geqslant R_t, \forall i \in U, \forall j \in B$ 保证了基站的 QoS。

6.4　基于强化学习的用户关联与功率分配联合资源优化

本节引入了强化学习的方法来优化超密集网络的效用。首先介绍了一种多智能体 Q 学习方法，将每个用户设备视为一个智能体。网络控制中心可以根据训练结果控制每个用户的关联状态和发射功率。利用 Q 学习的训练结果，网络可以达到较高的能量效率和负载均衡。

6.4.1　多智能体 Q 学习

Q 学习属于强化学习，在 Q 学习中，智能体与环境的交互可以看作学习过程，这也使智能体变得更加智能。用 S 代表环境状态的离散集合，A 代表智能体行动的离散集合。智能体针对每种环境状态采取动作后，环境状态会从当前状态更改为下一个状态，并且智能体可以在动作后获得奖励值。与环境互动的每一次过程都保存在智能体的 Q 表中。对于每个环境状态，智能体的动作都以最佳策略为目标，因此智能体试图找到最佳奖励表。在刚开始时，智能体采取的动作策略不是最佳的，但是随着训练次数的增加，智能体会根据学习经验采取最佳的行动。

对于单个智能体 Q 学习，用 s_t 表示在第 t 步时的环境状态，a_t 和 b_t 表示智能体的动作，r_t 表示智能体获得的奖励。Q 表的更新规则表示为

$$Q(s_t,a_t)=(1-\alpha)Q(s_t,a_t)+\alpha\left(r_t+\beta\max_{b\in A}Q(s_{t+1},b_t)\right) \tag{6-6}$$

式中，$Q(s_t,a_t)$ 是智能体的 Q 表，最优表可以表示为 $Q^*(s,a)$；α 和 β 分别表示学习速率和折扣因子。假设选取了适当的 α 和 β，$Q(s_t,a_t)$ 最终收敛到 $Q^*(s,a)$ 的训练时间趋于无穷。

在考虑多个智能体同时与环境交互的情况时，每个智能体根据配备的标准 Q 学习方案独自选择自身的策略。而在本章的过程中，每个智能体在选择动作时都必须考虑其他智能体的策略。因此 Q 学习算法应满足多智能体 Q 学习。在多智能体 Q 学习中，对于每个智能体，环境状态的集合表示为 S_i，用 A_i 表示动作的集合。在步骤 t，智能体 i 感知环境状态 $s_i^t=s_i\in S_i$，然后选择动作 $a_i\in A_i$。智能体 i 会获得奖励 r_i^t，环境状态将转换为下一状态 s_i^{t+1}。当所有的智能体获得最佳表并利用该表做出决策时，系统将达到最佳状态。

6.4.2 基于多智能体 Q 学习的用户关联和功率优化

为了解决优化问题，引入了多智能体 Q 学习方法，也是强化学习的一种。在此系统模型中，规定每个移动用户为一个智能体，并且与该用户连接的基站可以为其提供计算资源。超密集异构网络的关联状态和功率水平构成了环境状态。智能体的动作包括功率分配和用户关联，因此我们需要定义智能体的动作、环境状态和奖励。

(1) 动作：动作集合 A 包含一组关联动作 A_i^x 和一组功率分配动作 A_i^p，并且其中元素 $a_i = \left[a_i^x, a_i^p \right]$。用关联矩阵 $X = [x_1, \cdots, x_l, \cdots, x_L]$ 表示关联策略，其中 $x_l \in \{1, 0\}$，每个 $a_i^p \in A_i$ 都映射关联矩阵的一个状态。为了适应多智能体 Q 学习框架，在这里分散了信道发射功率。关于 a_i^p 的功率函数定义为

$$p_i\left(a_i^p\right) = p_i^{\min} + \frac{a_i^p}{m_i}\left(p_i^{\max} - p_i^{\min}\right) \tag{6-7}$$

式中，m_i 为功率常数。

(2) 环境状态：在此多智能体 Q 学习框架中，规定每个智能体都根据自己的观察来感知环境状态，并且无法获知其他智能体的信息。为了保证用户的质量，将干扰阈值定义为 γ_i^{th}。用变量 I_i 表示接收到的 SINR γ_i 是否达到阈值，I_i 的取值为

$$I_i = \begin{cases} 1, & \gamma_i \geqslant \gamma_i^{th} \\ 0, & \text{其他} \end{cases} \tag{6-8}$$

网络中在时隙 t 的环境状态可以表示为

$$s_i^t = \left[I_i, X_i^s, p_i\left(a_i^p\right) \right] \tag{6-9}$$

网络的关联状态、功率水平和 SINR 可以在 s_i^t 中反映出来，用 S_i 表示状态集，且 $s_i^t \in S_i$，X_i^s 表示关联矩阵。

(3) 奖励：对于强化学习来说，奖励功能非常重要。在这里，由网络效用组成的奖励函数表示为

$$R_i\left(s_i, a_i, a_{-i}\right) = \begin{cases} f(x, p), & I_i = 1 \\ 0, & I_i = 0 \end{cases} \tag{6-10}$$

奖励的定义可确保 QoS 要求、用户关联以及能量效率。每个奖励的计算是由相应的基站完成的，该基站也可以了解其他智能体的关键信息。

在多智能体 Q 学习的训练过程中，每个用户智能体都试图通过选择策略 $\phi_i(s_i)$ 来独立地最大化其折扣奖励。所有智能体的目的都是找到自身的最佳 Q 表。多智

能体 Q 学习的更新规则可以表示为

$$Q_i\left(s_i^t,a_i^t\right)=(1-\alpha_i)Q_i\left(s_i^t,a_i^t\right)+\alpha_i\left[R_i\left(s_i,a_i,a_{-i}\right)+\beta\max_{b_i\in A_i}Q_i\left(s_i^{t+1},b_i\right)\right] \qquad (6\text{-}11)$$

由式(6-11)可知在采取动作之后，智能体将通过合并当前状态的 Q 值、下一状态的最大 Q 值以及当前奖励来更新相应的 Q 表。在训练过程中，智能体的策略 $\phi_j\left(s_j,a_j\right)$ 将随着 Q 表的更新而更新。$\phi_i\left(s_i,a_i\right)$ 定义[11]可以表示如下：

$$\phi_i\left(s_i,a_i\right)=\frac{\mathrm{e}^{Q_i\left(s_i^t,a_i^t\right)/\tau}}{\displaystyle\sum_{b_i\in A_i}\mathrm{e}^{Q_i\left(s_i^t,b_i\right)/\tau}} \qquad (6\text{-}12)$$

式中，τ 是一个正参数，可以影响动作选择概率的差异程度。

基于多智能体 Q 学习，我们提出了算法 6-1 来优化超密集异构网络中的用户关联和功率分配，以实现负载平衡和节能通信。通过将训练结果与强化学习结合使用，网络可以提高效用并更好地为用户服务。

算法 6-1　基于多智能体 Q 学习的联合用户关联和功率优化

1.　初始化：
2.　初始化 episode、α_i 和 β；
3.　for 每个智能体用户 i do
4.　for each　$s_i\in S_i$，$a_i\in A_i$ do
5.　　初始化 $Q_i\left(s_i,a_i\right)$ 和 $\phi_i\left(s_i,a_i\right)$；
6.　end for
7.　end for
8.　用户关联训练：
9.　保持 a_i^p；
10.　for　t　in episode do
11.　for 每个智能体用户 i do
12.　　通过 $\phi_i\left(s_i,a_i\right)$ 选择在状态 s_i 时的动作 a_i^x；
13.　　$s_i\to s_i^{t+1}$；
14.　　检测 SINR γ_i 并且计算 $f(x,p)$；
15.　　计算 $R_i\left(s_i,a_i,a_{-i}\right)$；
16.　　通过式(6-11)更新 $Q_i\left(s_i,a_i\right)$；
17.　　更新 $\phi_i\left(s_i,a_i\right)$；
18.　end for

19. 　end for
20. 　功率优化训练：
21. 　保持 a_i^x 和 $\boldsymbol{X}_i^s$ ；
22. 　for　t　in episode do
23. 　for　每个智能体用户 i　do
24. 　　　通过 $\phi_i(s_i,a_i)$ 选择在状态 s_i 时的动作 a_i^p ；
25. 　　　$s_i \rightarrow s_i^{t+1}$ ；
26. 　　　检测 SINR γ_i 并且计算 $f(x,p)$ ；
27. 　　　计算 $R_i(s_i,a_i,a_{-i})$ ；
28. 　　　通过式(6-11)更新 $Q_i(s_i,a_i)$ ；
29. 　　　更新 $\phi_i(s_i,a_i)$ ；
30. 　end for
31. 　end for
32. 　训练结果应用：
33. 　在给定状态下，智能体通过最终的 $\phi_i(s_i,a_i)$ 各自选择动作。

6.5　仿真结果与分析

　　本节对提出的基于增强学习的联合用户关联和功率分配的方案进行测试，通过仿真评估其性能。在这里考虑一个异构网络，在网络中设有一个半径为 500m 的宏基站。在宏基站的覆盖下随机分配了 100 个移动用户，并在最小距离约束下统一部署了 M 个小基站。σ^2 设置为 –134dBm，每个信道带宽为 1MHz，α 为 0.01，β 为 0.1，宏基站的最大和最小传输功率为 46dBm 和 36dBm，而小基站分别为 24dBm 和 16dBm。宏基站的初始传输功率为 42dBm，小基站的初始传输功率为 21dBm。宏基站的电路功耗为 10dBm，小基站的电路功耗为 3.5dBm。

　　当训练次数为 1000 次且小基站数设置为 8 时，采用该算法后的最终关联状态可以在图 6-2 中反映出来。将该算法和传统的 SINR 最大化方案之间的用户关联情况进行比较，结果如图 6-3 所示。图 6-3 反映出在采用 SINR 最大化方案时，用户倾向于选择宏基站进行关联，这将导致宏基站超出负荷。图 6-2 和图 6-3 表明所提出的算法能够在网络负载均衡中发挥作用。

　　在图 6-4 中，小基站的数量为 6，可以观察到随着训练次数的增加，基于 Q 学习的联合用户关联与功率分配算法将使超密集异构网络的效用函数收敛。当训练次数达到 1000 次以上时，所有智能体都将找到自己的最佳 Q 表。

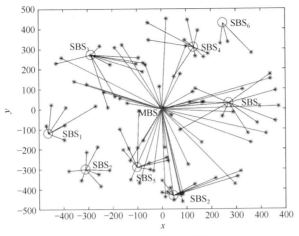

图 6-2 基于 Q 学习的关联状态

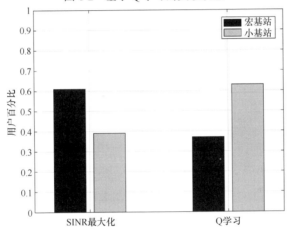

图 6-3 基于 Q 学习和 SINR 最大化方案之间的用户关联情况比较

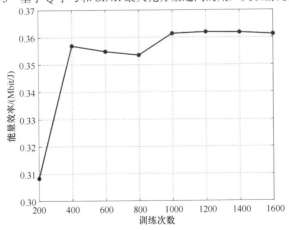

图 6-4 所提算法的收敛性能

在图 6-5 中，我们在不同小基站数量的情况下将该算法与平均功率分配方案进行了比较。在采用所提出的算法的情况下，网络的能量效率将随着小基站数量的增加而增加，并且其性能始终远优于平均功率分配方案。

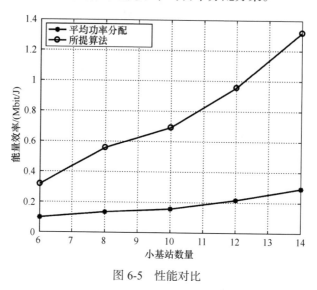

图 6-5　性能对比

6.6　总　　结

本章研究了超密集异构网络中的功率分配和用户关联，目的是实现网络的负载平衡并提高网络能量效率。我们定义了网络效用函数并将问题建模为一个优化问题。然后介绍了强化学习，并且提出了一种基于多智能体 Q 学习的联合用户关联和功率优化算法。仿真结果表明，我们所提出的基于多智能体 Q 学习的算法具有收敛性，并且在实现负载平衡和提高能量效率方面的性能优于现有算法。

参 考 文 献

[1] Gao Z, Dai L L, Mi D, et al. mmWave massive-MIMO-based wireless backhaul for the 5G ultra-dense network. IEEE Wireless Communications, 2015, 22(5): 13-21.

[2] Zhang H J, Liu N, Chu X L, et al. Network slicing based 5G and future mobile networks: Mobility, resource management, and challenges. IEEE Communications Magazine, 2017, 55(8): 138-145.

[3] Li D, Zhang H J, Long K P, et al. User association and power allocation based on Q-learning in ultra dense heterogeneous networks. Proceedings of 2019 IEEE Global Communications Conference, Waikoloa, 2019: 1-5.

[4] Zhang H J, Dong Y J, Cheng J L, et al. Fronthauling for 5G LTE-U ultra dense cloud small cell networks. IEEE Wireless Communications, 2016, 23(6): 48-53.

[5] Koudouridis G P, Soldati P. Spectrum and network density management in 5G ultra-dense networks. IEEE Wireless Communications, 2017, 24(5): 30-37.

[6] Zhou T Q, Liu Z X, Zhao J H, et al. Joint user association and power control for load balancing in downlink heterogeneous cellular networks. IEEE Transactions on Vehicular Technology, 2018, 67(3): 2582-2593.

[7] Bethanabhotla D, Bursalioglu O Y, Papadopoulos H C, et al. Optimal user-cell association for massive MIMO wireless networks. IEEE Transactions on Wireless Communications, 2016, 15(3): 1835-1850.

[8] Sakr A H, Hossain E. On user association in multi-tier full-duplex cellular networks. IEEE Transactions on Communications, 2017, 65(9): 4080-4095.

[9] Chen Y J, Li J, Lin Z H, et al. User association with unequal user priorities in heterogeneous cellular networks. IEEE Transactions on Vehicular Technology, 2016, 65(9): 7374-7388.

[10] Zhang H J, Wang B B, Jiang C X, et al. Energy efficient dynamic resource optimization in NOMA system. IEEE Transactions on Wireless Communications, 2018, 17(9): 5671-5683.

[11] Chen X F, Zhao Z F, Zhang H G. Stochastic power adaptation with multiagent reinforcement learning for cognitive wireless mesh networks. IEEE Transactions on Mobile Computing, 2013, 12(11): 2155-2166.

[12] Zhang H J, Huang S, Jiang C X, et al. Energy efficient user association and power allocation in millimeter-wave-based ultra dense networks with energy harvesting base stations. IEEE Journal on Selected Areas in Communications, 2017, 35(9): 1936-1947.

[13] Ye Q Y, Rong B Y, Chen Y D, et al. User association for load balancing in heterogeneous cellular networks. IEEE Transactions on Wireless Communications, 2013, 12(6): 2706-2716.

第7章 蜂窝网络中优化天线倾斜角的随机梯度下降算法

7.1 引　言

近几年来,移动通信的迅速发展使许多领域都产生了诸多具有重要意义的应用,也引起了人们的广泛关注[1]。网络参数的优化是保证移动通信网络有效运行的重要环节[2]。在所有可调参数中,天线的倾斜角被认为是网络优化的关键参数,特别是在网络覆盖范围最大化的问题中[3,4]。

现有的用于天线倾斜角调整的网络优化方法主要分为三类:贪心算法、穷举算法和元启发式算法。文献[5]通过使用贪心算法调整天线倾斜角和频率从而优化覆盖范围,此算法速度快,但其得到的解并不总是最优的,或者稍微偏离全局最优解。为了准确地获得最优解,文献[6]提出了一种能够找出所有天线倾斜角和发射功率设置组合的穷举法。然而,穷举法计算复杂度太大,无法在实际设备中实现。为了减少覆盖盲区[7],通过基于遗传算法(genetic algorithm, GA)不断优化天线倾斜角的方法,解决了小区中断补偿问题。文献[8]提出了一种粒子群优化(particle swarm optimization, PSO)算法来控制功率,以减少家庭基站集群的覆盖盲区、巨大的邻域重叠和过载单元。文献[9]还举例说明了 PSO 算法,以阐明天线倾斜角的设置是如何影响服务用户的数量和网络覆盖范围的。

本章提出了一种新颖的基于随机梯度下降的天线倾斜角优化(stochastic gradient descent-based antenna tilt optimization, SGDATO)算法,用于调整天线倾斜角以使覆盖率最大化。具体地,本章引入了软覆盖率,它是对不可微的原始覆盖率的近似,将与服务质量相关的覆盖和未覆盖的离散状态转换为连续的形式,引出一个可微的目标函数;此外,本章还提出了一种基于可微目标函数的天线倾斜角优化算法,并通过实验验证了该算法在理想网络场景和实际大城市场景下的正确性和有效性,与传统的无梯度算法相比,该算法在网络覆盖范围最大化问题上表现出良好的性能。

7.2　系统模型和问题表述

7.2.1　网络场景

分布在服务区域 R 中的扇区表示为 $\{B_1, B_2, \cdots, B_{N_B}\}$，其中 N_B 是扇区数。天线组表示为 $A = \{A_1, A_2, \cdots, A_{N_A}\}$，其中 N_A 是 R 中的天线数。每个扇区安装有多个天线，而每个天线只对应于蜂窝网络中的一个扇区，网络部署如图 7-1 所示。将区域 R 分成几个面积相等的正方形。在所有正方形中心点中进行采样，将采样点表示为 P_k，其中 $1 \le k \le N_P$，采样点的集合为 $P = \{P_1, P_2, \cdots, P_{N_P}\}$，其中 N_P 是采样点的数量。根据信号电平高于预定阈值的采样点个数与总采样点个数之比估计覆盖率。

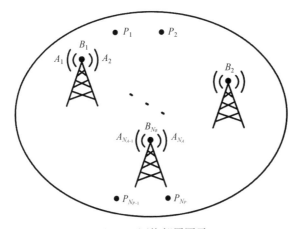

图 7-1　网络部署图示

用 $V_{j,k}^{\mathrm{RSSI}}$ 来表示从 A_j 到 P_k 的接收信号强度指标。在网络优化阶段，接收信号强度指标 $V_{j,k}^{\mathrm{RSSI}}$ 由发射功率、天线增益和路径损耗三个因素决定，可以表示为

$$V_{j,k}^{\mathrm{RSSI}} = P_{\mathrm{transmit}} + \mathrm{Gain}_{j,k} - \mathrm{Pathloss}_{j,k} \tag{7-1}$$

式中，P_{transmit}、$\mathrm{Gain}_{j,k}$ 和 $\mathrm{Pathloss}_{j,k}$ 分别是从 A_j 到 P_k 的发射功率、天线增益和路径损耗，我们采用文献[10]中的路径损耗模型来计算路径损耗 $\mathrm{Pathloss}_{j,k}$，天线 A_j 和采样点 P_k 如图 7-2 所示。

天线倾斜角设置和天线方位设置分别用 $\Phi = \{\phi_1, \phi_2, \cdots, \phi_{N_A}\}$ 和 $\alpha = \{\alpha_1, \alpha_2, \cdots, \alpha_{N_A}\}$ 来表示。由于天线的结构，每个倾斜角 ϕ_j 都有自己的下界 ϕ_j^{L} 和上界 ϕ_j^{U}。垂

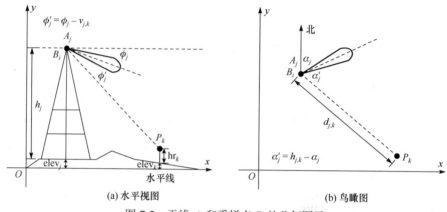

图 7-2　天线 A_j 和采样点 P_k 的几何图示

直角 $v_{j,k}$ 和水平角 $h_{j,k}$ 的表达式为

$$v_{j,k} = \arctan\left(\frac{h_j - \mathrm{hr}_k + \mathrm{elev}_j - \mathrm{elev}_k}{d_{j,k}}\right) \tag{7-2}$$

$$h_{j,k} = \arctan\left(2\left(\frac{x_j^A - x_k^P}{y_j^A - y_k^P}\right)\right) \tag{7-3}$$

式中，$\left(x_j^A, y_j^A\right)$ 为 A_j 的坐标；$\left(x_k^P, y_k^P\right)$ 为 P_k 的坐标；$d_{j,k}$ 是 A_j 和 P_k 之间的欧氏距离；h_j 和 hr_k 分别为 A_j 和 P_k 的高度；elev_j 和 elev_k 分别为 A_j 和 P_k 的海拔。

7.2.2　问题表述

我们的目标是使覆盖率最大化，并得到 ϕ_j 在区间 $1 \le j \le N_A$ 上的最优解，因此将优化问题表示为

$$\max_{\Phi} \mathrm{Coverage}(\Phi)$$
$$\mathrm{s.t.}\quad \phi_j^{\mathrm{L}} \le \phi_j \le \phi_j^{\mathrm{U}}, 1 \le j \le N_A \tag{7-4}$$

7.3　SGDATO 算法

本节提出覆盖率指标，并将硬覆盖率转换为软覆盖率。此外，还提出了一种通过调整天线倾斜角来最大化软覆盖率的 SGDATO 算法。

7.3.1　覆盖率指标

设 P_k 处的 V_k^{RSRP} 为所有参考信号接收功率(reference signal receiving power,

RSRP)的平均值，其表达式为

$$V_k^{\text{RSRP}} = \max_{1 \leqslant j \leqslant N_A} V_{j,k}^{\text{RSSI}} \tag{7-5}$$

SINR 满足：

$$\hat{j}_k = \arg\max_{1 \leqslant j \leqslant N_A} V_{j,k}^{\text{RSSI}} \tag{7-6}$$

$$V_k^{\text{SINR}} = \frac{V_k^{\text{RSRP}}}{\text{Noise} + \sum_{\substack{1 \leqslant j \leqslant N_A \\ j \neq j_k}} V_{j,k}^{\text{RSSI}}} \tag{7-7}$$

式中，Noise 是背景噪声的功率。

设 f_k 为 P_k 处的覆盖率指标，可以表示为

$$f_k \triangleq \min\left(T_{[\text{TH}_{\text{RSRP}}, +\infty)}\left(V_k^{\text{RSRP}}\right), T_{[\text{TH}_{\text{SINR}}, +\infty)}\left(V_k^{\text{SINR}}\right) \right) \tag{7-8}$$

式中，TH_{RSRP} 和 TH_{SINR} 分别为 RSRP 和 SINR 的阈值。$T_{\mathbb{X}}(x)$ 为特征函数，定义如下：

$$T_{\mathbb{X}}(x) = \begin{cases} 1, & x \in \mathbb{X} \\ 0, & \text{其他} \end{cases} \tag{7-9}$$

$\mathbb{X}$ 代表该特征函数的取值范围。

覆盖率 $\text{Coverage}(\Phi)$ 的表达式为

$$\text{Coverage}(\Phi) = \frac{\sum_{k=1}^{N_P} f_k\left(V_k^{\text{RSRP}}, V_k^{\text{SINR}}\right)}{N_P} \tag{7-10}$$

7.3.2　硬覆盖到软覆盖的转换

我们提出了一种新的方法来产生一个区别于覆盖率指标的近似值。将硬覆盖率 $\text{Coverage}(\Phi)$ 转换为软覆盖率 $\widetilde{\text{Coverage}}(\Phi)$，可以表示为

$$\widetilde{\text{Coverage}}(\Phi) = \frac{1}{N_P} \sum_{k=1}^{N_P} F_k(\Phi) \tag{7-11}$$

将软覆盖率函数 $F_k(\Phi)$ 定义为

$$F_k(\Phi) \triangleq \widetilde{\min}(\widetilde{V_k^{\text{RSRP}}}, \widetilde{V_k^{\text{SINR}}}) \tag{7-12}$$

$$\widetilde{\min}(x_1, x_2) \triangleq -\frac{\ln\left(e^{-c_1 x_1} + e^{-c_1 x_2}\right)}{c_1} \tag{7-13}$$

式中，$\widetilde{\min}$ 函数是原始的最小值函数 min 的近似值；系数 c_1 表示 $\widetilde{\min}$ 函数和 min

函数之间的相似度，此外：

$$\lim_{c_1 \to +\infty} \widetilde{\min}(x_1, x_2) = \min(x_1, x_2), \quad x_1, x_2 \in \mathbb{R} \tag{7-14}$$

P_k 处的 $\widetilde{V_k^{\mathrm{RSRP}}}$ 和 $\widetilde{V_k^{\mathrm{SINR}}}$ 可以表示为

$$\widetilde{V_k^{\mathrm{RSRP}}} = S\left(k_1 \left(V_k^{\mathrm{RSRP}} - \mathrm{TH}_{\mathrm{RSRP}} \right) \right) \tag{7-15}$$

$$\widetilde{V_k^{\mathrm{SINR}}} = S\left(k_2 \left(V_k^{\mathrm{SINR}} - \mathrm{TH}_{\mathrm{SINR}} \right) \right) \tag{7-16}$$

$$S(x) \triangleq \begin{cases} 0, & x \leqslant -1 \\ \dfrac{1}{2}(x+1), & -1 < x < 1 \\ 1, & x \geqslant 1 \end{cases} \tag{7-17}$$

式中，$S(x)$ 是式(7-9)中 $T_{\mathbb{X}}(x)$ 的近似值。由于 $S(x)$ 是一个分段函数，在 $x = \pm 1$ 时是不可微的，因此，我们定义在 $x = \pm 1$ 处的导数 $S'(x) = 0$。$S'(x)$ 的图像如图 7-3 所示。

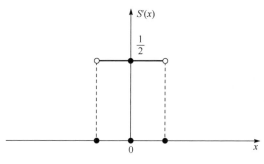

图 7-3　$S'(x)$ 的图像

k_1 和 k_2 为常数，表示 $\widetilde{V_k^{\mathrm{RSRP}}}$ 和 $\widetilde{V_k^{\mathrm{SINR}}}$ 的转换间隔的宽度。系数 k_1 和 k_2 越大，$\widetilde{V_k^{\mathrm{RSRP}}}$ 和 $\widetilde{V_k^{\mathrm{SINR}}}$ 的转换间隔越窄。为了方便起见，在本章中取 $k_1 = k_2 = \dfrac{1}{\epsilon}$。此外，我们可以得出以下结论：

$$\lim_{\epsilon \to 0} \widetilde{\mathrm{Coverage}}(\Phi) = \mathrm{Coverage}(\Phi) \tag{7-18}$$

类似地，将不可微的最大值函数 $\max(x_1, x_2, \cdots, x_k)$ 转换为可微的形式 $\widetilde{\max}(x_1, x_2, \cdots, x_k)$。因此，$V_k^{\mathrm{RSRP}}$ 的表达式可以重写为

$$V_k^{\mathrm{RSRP}} = \widetilde{\max}\left(V_{1,k}^{\mathrm{RSSI}}, V_{2,k}^{\mathrm{RSSI}}, \cdots, V_{N_A,k}^{\mathrm{RSSI}} \right) \tag{7-19}$$

$$\widetilde{\max}\left(x_1, x_2, \cdots, x_{N_A}\right) = \frac{\ln\left(\sum_{j=1}^{N_A} e^{c_2 x_j}\right)}{c_2} \tag{7-20}$$

式中，系数 c_2 是类似于 c_1 的常数。

现在，将原来的优化问题式(7-4)转换为近似和可微的形式，如下所示：

$$\max_{\Phi} \widetilde{\text{Coverage}}(\Phi) = \frac{1}{N_P} \sum_{k=1}^{N_P} F_k(\Phi) \tag{7-21}$$

$$\text{s.t.} \quad \phi_j^{\text{L}} \leqslant \phi_j \leqslant \phi_j^{\text{U}}, 1 \leqslant j \leqslant N_A$$

特别是当 $c_1 \to +\infty$、$c_2 \to +\infty$ 且 $\epsilon \to 0$ 时，转换后的优化问题将等价于原优化问题。即使系数 c_1、c_2、k_1 和 k_2 不够大，通过提供目标函数的局部导数特征，这种问题转换也有助于解决原始的优化问题。

7.3.3　梯度计算

由于新的优化问题是可微的，我们提出了计算 $\widetilde{\text{Coverage}}(\Phi)$ 在 Φ 处的梯度的方法。

从式(7-11)中可以得出以下结论：

$$\frac{\partial \widetilde{\text{Coverage}}(\Phi)}{\partial \phi_j} = \frac{1}{N_P} \sum_{k=1}^{N_P} \frac{\partial F_k(\Phi)}{\partial \phi_j}, \quad 1 \leqslant j \leqslant N_A \tag{7-22}$$

对于给定的 P_k 和 A_j，有

$$\frac{\partial F_k(\Phi)}{\partial \phi_j} = \frac{\dfrac{\partial \widetilde{V_k^{\text{RSRP}}}}{\partial V_{j,k}^{\text{RSSI}}} \dfrac{\partial \widetilde{\text{Gain}}_{j,k}}{\partial \phi_j} e^{-c_1 \widetilde{V_k^{\text{RSRP}}}} + \dfrac{\partial \widetilde{V_k^{\text{SINR}}}}{\partial V_{j,k}^{\text{RSSI}}} \dfrac{\partial \widetilde{\text{Gain}}_{j,k}}{\partial \phi_j} e^{-c_1 \widetilde{V_k^{\text{SINR}}}}}{e^{-c_1 \widetilde{V_k^{\text{RSRP}}}} + e^{-c_1 \widetilde{V_k^{\text{SINR}}}}} \tag{7-23}$$

式中

$$\frac{\partial \widetilde{V_k^{\text{RSRP}}}}{\partial V_{j,k}^{\text{RSSI}}} = k_1 S'\left(k_1\left(V_k^{\text{RSRP}} - \text{TH}_{\text{RSRP}}\right)\right)\frac{\partial V_k^{\text{RSRP}}}{\partial V_{j,k}^{\text{RSSI}}} \tag{7-24}$$

$$\frac{\partial V_k^{\text{RSRP}}}{\partial V_{j,k}^{\text{RSSI}}} = \frac{e^{V_{j,k}^{\text{RSSI}}}}{\sum_{j=1}^{N_A} e^{V_{j,k}^{\text{RSSI}}}} \tag{7-25}$$

$$\frac{\partial \widetilde{V_k^{\text{SINR}}}}{\partial V_{j,k}^{\text{RSSI}}} = k_2 S'\left(k_2\left(V_k^{\text{SINR}} - \text{TH}_{\text{SINR}}\right)\right)\frac{\partial V_k^{\text{SINR}}}{\partial V_{j,k}^{\text{RSSI}}} \tag{7-26}$$

$$\frac{\partial V_k^{\text{SINR}}}{\partial V_{j,k}^{\text{RSSI}}} = \frac{\partial V_k^{\text{RSRP}}}{\partial V_{j,k}^{\text{RSSI}}} - \frac{V_{j,k}^{\text{RSSI}} - V_k^{\text{RSRP}}\dfrac{\partial V_k^{\text{RSRP}}}{\partial V_{j,k}^{\text{RSSI}}}}{\text{Noise} + \sum\limits_{j=1}^{N_A} V_{j,k}^{\text{RSSI}} - V_k^{\text{RSRP}}} \tag{7-27}$$

到目前为止，已推导出梯度 $\nabla\widetilde{\text{Coverage}}(\varPhi) = \left\{\left.\dfrac{\partial\,\text{Coverage}\,(\varPhi)}{\partial\phi_j}\right| 1 \leqslant j \leqslant N_A\right\}$。

7.3.4 优化算法

本章提出了一种基于 $\nabla\widetilde{\text{Coverage}}(\varPhi)$ 的 SGDATO 算法来优化天线倾斜角，如算法 7-1 所示。

算法 7-1 SGDATO 算法

---

1. 任意选择参数 $\varPhi$ 的初始设置
2. repeat
3. $k := \text{random}(1, N_P)$
4. for j in $[1, N_A]$ do:
5. 　计算 $d_{j,k}$、$h_{j,k}$、$v_{j,k}$、α'_j 和 ϕ'_j
6. 　计算 $\text{Gain}_{j,k}$、$\text{Pathloss}_{j,k}$ 和 $V_{j,k}^{\text{RSSI}}$
7. end
8. 计算 V_k^{RSRP}、V_k^{SINR}、$\widetilde{V_k^{\text{RSRP}}}$ 和 $\widetilde{V_k^{\text{SINR}}}$
9. for m in $[1, N_A]$ do:
10. 　计算 $\dfrac{\partial F_k(\varPhi)}{\partial\phi_m}$
11. 　$\dfrac{\partial\widetilde{\text{Coverage}}\,(\varPhi)}{\partial\phi_m} := \dfrac{\partial F_k(\varPhi)}{\partial\phi_m}$
12. end
13. 计算 $\nabla\widetilde{\text{Coverage}}(\varPhi)$
14. $\varPhi := \varPhi + \eta\nabla\widetilde{\text{Coverage}}(\varPhi)$
15. for m in $[1, N_A]$ do:
16. 　if $\phi_m < \phi_m^{\text{L}}$:
17. 　　$\phi_m := \phi_m^{\text{L}}$
18. 　if $\phi_m > \phi_m^{\text{U}}$:

19.　　　$\phi_m := \phi_m^{\mathrm{U}}$
20.　end
21.　until 满足终止条件

函数 $\text{random}(1, N_P)$ 返回均匀分布于 $1 \sim N_P$ 的随机整数。系数 η 是步长；ϵ 和 η 为超参数。以上系数均在实验中人为调整确定。该算法有 3 个终止条件：覆盖率满足给定的阈值、迭代次数达到最大值或导数小于给定的无穷小常数。

7.4　理想网络场景实验

为了验证算法的可行性和正确性，我们使用理想的蜂窝天线模型进行仿真，如图 7-4 所示。所有基站分布在边长为 300m 的正六边形中心，每个基站配备三个天线。初始方位角被选择为理想的蜂窝形状，为了加快收敛速度，将初始倾斜角设为 $0°$。方位角的可调范围为 $[0°, 360°)$，倾斜角的可调范围为 $[-90°, 90°)$。所有的天线高度和发射功率分别初始化为 36m 和 14.2dBm。其他参数设置见表 7-1。

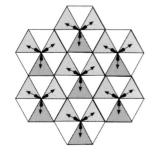

图 7-4　理想蜂窝天线模型

表 7-1　参数设置

参数	数值
hr_k	1.5m
c_1	5×10^2
c_2	5×10^2
Noise	-110dBm

在高度为 0 的平面上，当所有天线高度相等时，最佳天线倾斜角应基本相等。将所有采样点的优化定义为一个周期，将一个采样点的优化定义为一次迭代。使用 SGDATO 算法进行 20 个周期的优化前和优化后的天线倾斜角的直方图如图 7-5 所示。我们设置超参数 $\eta = 10^{-2}$，$\epsilon = 100$ 来验证所提出的算法。在图 7-5(a) 中优化前的天线倾斜角均为 $0°$，而在图 7-5(b) 中的天线倾斜角中心为 $8° \sim 13°$。因此，实验结果与预期相符。

在理想的网络场景中不同参数的条件下，覆盖率与 SGDATO 算法的周期数的关系如图 7-6 所示。总之，该算法在覆盖范围优化中是可行并且有效的。

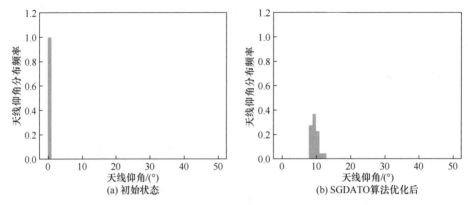

图 7-5　SGDATO 算法经历 20 个周期优化前后的天线倾斜角柱状图

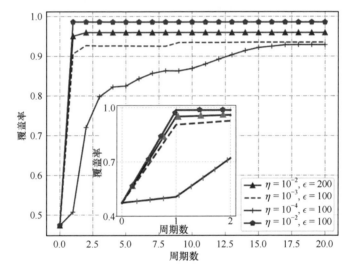

图 7-6　在理想网络场景中不同参数的条件下覆盖率与 SGDATO 算法的周期数的关系

7.5　实际大城市场景实验

　　为了验证算法 7-1 的正确性和有效性，我们在西安市进行了实验。

　　下面的实验共考虑了西安市的 857 个天线和 137694 个采样点。初始倾斜角为 0°，倾斜角的可调范围为 [0°,10°]。将发射功率初始化为 18.2dBm，采用 COST231-Hata 模型。其他参数设置见表 7-1。

　　在西安，使用 SGDATO 算法过程中的信号覆盖图如图 7-7 所示。覆盖区域和未覆盖区域分别由灰色区域和白色区域表示。我们设置超参数 $\eta = 10^{-3}$，$\epsilon = 25$ 来验证所提出的算法。在此过程中，灰色(即覆盖区域)逐渐增加，白色(即未覆盖区

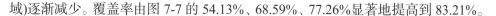

域)逐渐减少。覆盖率由图 7-7 的 54.13%、68.59%、77.26%显著地提高到 83.21%。

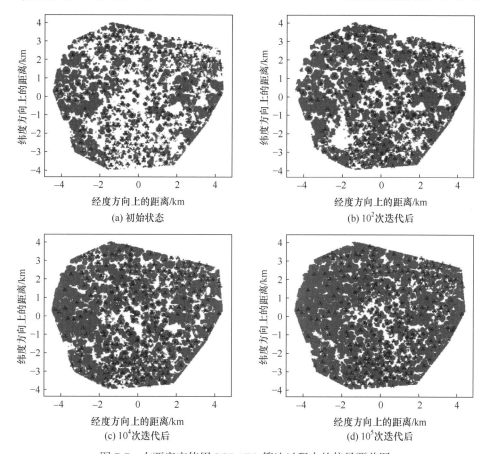

图 7-7 在西安市使用 SGDATO 算法过程中的信号覆盖图

超参数 η 和 ϵ 对算法的收敛速度和优化效果有着至关重要的影响。如果步长 η 太小,则收敛速度慢;如果步长 η 太大,则结果是不稳定的。如果超参数 ϵ 太小,梯度的导向性变差;如果超参数 ϵ 太大,软覆盖率随天线倾斜角的变化而平滑变化。然而,该问题本身与原优化问题相差较大,导致算法性能不佳。在不同的 η 和 ϵ 条件下,覆盖率与周期数的关系如图 7-8 所示。

我们采用元启发式 PSO 算法与 SGDATO 算法进行比较。元启发式 PSO 算法是在群体适应环境的基础上得到最优解的。

假设采样点数为 N,天线数为 m,元启发式 PSO 算法的每个群的大小为 n。在每个周期中,SGDATO 算法的复杂度为 $O(mn)$,而元启发式 PSO 算法的复杂度为 $O(Nmn)$。在不同参数条件下,元启发式 PSO 算法和 SGDATO 算法的覆盖率与周期数的关系如图 7-9 所示。

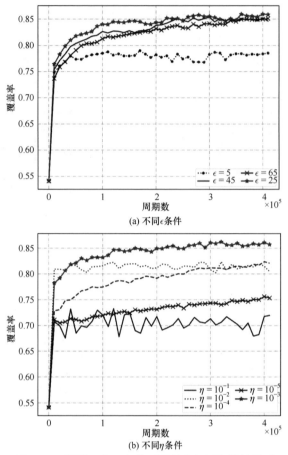

(a) 不同ε条件

(b) 不同η条件

图 7-8　不同的 ε 和 η 条件下覆盖率与周期数的关系

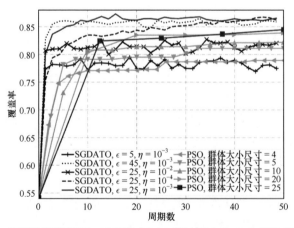

图 7-9　不同参数条件下，元启发式 PSO 算法和 SGDATO 算法的覆盖率
与周期数之间的关系

SGDATO 算法与元启发式 PSO 算法相比收敛速度更快，因此达到相同覆盖率花费的时间较短。元启发式 PSO 算法需要计算每个周期中每个粒子的覆盖率，以保证参数的体验优化方向，这将导致高昂的覆盖率计算成本。SGDATO 算法以梯度信息为优化方向的指导，省去了中间过程中覆盖率的重复计算。

综上，SGDATO 算法可有效提高覆盖率。

7.6　总　　结

在蜂窝网络中，覆盖率是最基本的指标之一。在各种可调参数中，电子天线倾斜角是网络优化的关键。现有的天线倾斜角的优化方法主要是无梯度法。目标函数可以反映出覆盖率随可调参数的变化，但由于缺乏目标函数的局部梯度信息，所以算法的性能较差。我们在本章引入一个连续的覆盖率来近似原始的离散值覆盖率。此外，我们还提出了一种基于可微目标函数梯度的 SGDATO 算法。实验表明，该算法在网络覆盖范围最大化方面具有良好的性能。

参　考　文　献

[1] Al-Falahy N, Alani O Y. Technologies for 5G networks: Challenges and opportunities. IT Professional, 2017, 19(1): 12-20.

[2] Fan P Z, Zhao J, Chih-Lin I. 5G high mobility wireless communications: Challenges and solutions. China Communications, 2016, 13(2): 1-13.

[3] Lee D H, Zhou S, Zhong X F, et al. Spatial modeling of the traffic density in cellular networks. IEEE Wireless Communications, 2014, 21(1): 80-88.

[4] Liu Y X, Huang F W, Zhang H J, et al. A stochastic gradient descent algorithm for antenna tilt optimization in cellular networks. Proceedings of 2018 10th International Conference on Wireless Communications and Signal Processing, Hangzhou, 2018: 1-6.

[5] Tabia N, Gondran A, Baala O, et al. Interference model and antenna parameters setting effects on 4G-LTE networks coverage. Proceedings of the 7th ACM Workshop on Performance Monitoring and Measurement of Heterogeneous Wireless and Wired Networks, Paphos, 2012: 175-182.

[6] Gao Y, Li Y, Zhou S D, et al. System level performance of energy efficient dynamic mechanical antenna tilt angle switching in LTE-Advanced systems. Proceedings of IEEE International Wireless Symposium, Beijing, 2013: 1-4.

[7] Yin M J, Feng L, Li W J, et al. Cell outage compensation based on Co MP and optimization of tilt. The Journal of China Universities of Posts and Telecommunications, 2015, 22(5): 71-79.

[8] Huang L, Zhou Y Q, Hu J L, et al. Coverage optimization for femtocell clusters using modified particle swarm optimization. Proceedings of IEEE International Conference on Communications, Ottawa, 2012: 611-615.

[9] Phan N Q, Bui T O, Jiang H L, et al. Coverage optimization of LTE networks based on antenna tilt adjusting considering network load. China Communications, 2017, 14(5): 48-58.

[10] Hata M. Empirical formula for propagation loss in land mobile radio services. IEEE Transactions on Vehicular Technology, 1980, 29(3): 317-325.

第8章 基于能量收集的 NOMA 异构 网络中的能量有效的资源管理

8.1 引 言

目前，已有研究者提出了异构网络来满足 5G 及更高版本中移动数据服务的巨大需求[1]。异构网络可以通过在宏基站的覆盖范围内部署小型基站(base station, BS)之类的低功率传输节点来有效提高无线通信网络的性能[2]。然而，随着基站的密集部署，异构网络也面临许多挑战，例如，越来越突出的能耗问题和严重的干扰。科研人员针对这些问题进行了大量的研究，并提出了许多有前景的技术。作为 5G 及其以后的关键技术之一，NOMA 可以获得更高的频谱效率[3]。无线携能通信(simultaneous wireless information and power transfer, SWIPT)也可以通过能量收集极大地降低网络的能量消耗[4,5]。

异构小型蜂窝网络极大地缓解了用户数据需求指数级增长的压力。在文献[6]中，作者通过考虑不完善的混合频谱、基站之间的干扰以及系统能量效率，研究了异构网络中的功率分配问题。在文献[7]中，作者通过考虑异构网络用户的服务质量要求，设计了一个服务质量感知网络框架，大大提高了用户的速率和体验质量。在文献[8]中，作者利用非合作博弈方法，提出了一种低复杂度的信道分配算法，并将功率分配问题转化为一个更容易解决的凸问题。文献[9]的研究表明，在异构网络中采用 NOMA 可以明显提高网络传输性能。而将 SWIPT 应用于通信系统可以有效地降低系统能量成本。在文献[10]和文献[11]中，作者利用能量收集研究了异构网络中的功率分配和子信道调度问题。在文献[12]中，作者将 SWIPT 与多跳无线网络相结合，以提高系统的总速率并改善系统性能。

在 NOMA 异构网络中，本章通过考虑从小型基站到宏基站的能量收集和跨层干扰，来研究基于 NOMA 的异构小型蜂窝网络中的资源分配，提出了分布式子信道分配和功率优化算法，并通过仿真验证了所提出算法的有效性。

8.2 系统模型和问题建模

基于 NOMA 的异构网络如图 8-1 所示。考虑一个包含一个宏基站和 K 个小型基站的单宏小区，每个 SBS 都配备了能够进行能量收集的硬件设施[13]。所有的基站(包括宏基站和小型基站)都用 $k \in \{1,2,\cdots,K+1\}$ 表示, 其中 $k = K+1$ 基站是宏基站。 $M_k \in \{M_1, M_2, \cdots, M_{K+1}\}$ 表示基站 k 的用户数。系统带宽为 BW, 分为 N 个子信道, 用 $n \in \{1,2,\cdots,N\}$ 表示, 子信道带宽为 $B_{\mathrm{sc}} = \mathrm{BW}/N$。用 $h_{k,j,m,n}$ 表示子信道 n 上基站 k 的用户 m 到基站 j 的信道增益, 其中 $m \in \{1,2,\cdots,M_k\}$。 $s_{k,m,n}$ 为子信道分配指数, 如果用户 m 在子信道 n 上被分配给基站 k, 则 $s_{k,m,n} = 1$, 否则, $s_{k,m,n} = 0$。用 $p_{k,m,n}$ 表示基站 k 的用户 m 在子信道 n 上的传输功率。这组子信道和功率分配分别由 $\boldsymbol{S} = \left[s_{k,m,n} \right]$ 和 $\boldsymbol{P} = \left[p_{k,m,n} \right]$ 表示。根据香农定理, 基站 k 的用户 m 在子信道 n 上的速率表示为

$$r_{k,m,n} = B_{\mathrm{sc}} \log_2(1 + \mathrm{SINR}_{k,m,n}) \tag{8-1}$$

式中, $\mathrm{SINR}_{k,m,n}$ 表示在用户 m 的子信道 n 上基站 k 的 SINR。

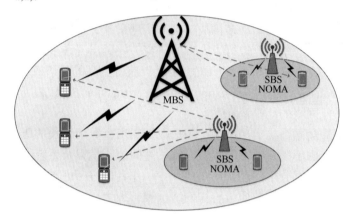

图 8-1　基于 NOMA 的异构网络

由于 NOMA 可以将一个子信道分配给多个用户, 因此它通过连续干扰消除技术在接收机处执行正确的解调。连续干扰消除技术可以根据不同用户的功率按一定的顺序消除干扰, 从而达到区分用户的目的[14]。在本章中, 我们假设最多有两个用户被分配给基站的每个子信道, 并且每个用户首先在同一子信道上对有较高功率的用户进行解码。因此, 对于基站 k 在子信道 n 上的用户 m, 其接收 SINR 可以表示为

$$\mathrm{SINR}_{k,m,n} = \frac{s_{k,m,n} p_{k,m,n} \left| h_{k,k,m,n} \right|^2}{\left| h_{k,k,m,n} \right|^2 \sum\limits_{r=m+1}^{M_k} s_{k,r,n} p_{k,r,n} + \sum\limits_{j=1, j \neq k}^{K+1} p_{j,n} \left| h_{k,j,m,n} \right|^2 + \sigma^2} \tag{8-2}$$

式中, σ^2 表示加性高斯白噪声方差; $p_{j,n} = \sum\limits_{r=1}^{M_j} s_{j,r,n} p_{j,r,n}$ 是基站 j 在子信道 n 上

的总功率。

为了最大限度地减少系统能耗，本章旨在最大限度地提高系统的总能量效率。因此，这里公式化了系统的总速率与总功耗之间的关系。在分配子信道和功率资源时，我们还考虑了带有能量收集单元的基站[15]。在此假设下，系统的总速率表示为

$$R(\boldsymbol{S},\boldsymbol{P}) = \sum_{k=1}^{K+1}\sum_{m=1}^{M_k}\sum_{n=1}^{N} r_{k,m,n} \tag{8-3}$$

系统的总发射功率公式为

$$Q(\boldsymbol{S},\boldsymbol{P}) = \sum_{k=1}^{K+1}\sum_{m=1}^{M_k}\sum_{n=1}^{N} s_{k,m,n} p_{k,m,n} \tag{8-4}$$

基站 k 在子信道 n 上的用户 m 所收集的能量可以表示为

$$H_{k,m,n} = \sum_{j=1, j\neq k}^{K+1} \lambda_{j,n} s_{k,m,n} p_{k,m,n} \left| h_{k,j,m,n} \right|^2 \tag{8-5}$$

式中，$\lambda_{j,n}$ 代表能量收集效率的常数参量。

然后，系统收集的总能量可以表示为

$$H(\boldsymbol{S},\boldsymbol{P}) = \sum_{k=1}^{K+1}\sum_{m=1}^{M_k}\sum_{n=1}^{N}\sum_{j=1, j\neq k}^{K+1} \lambda_{j,n} s_{k,m,n} p_{k,m,n} \left| h_{k,j,m,n} \right|^2 \tag{8-6}$$

我们可以注意到，基站的电路功耗与收集的总能量相比有点小，所以总功耗可以表示为

$$U(\boldsymbol{S},\boldsymbol{P}) = Q(\boldsymbol{S},\boldsymbol{P}) - P(\boldsymbol{S},\boldsymbol{P}) = \sum_{k=1}^{K+1}\sum_{m=1}^{M_k}\sum_{n=1}^{N} s_{k,m,n} p_{k,m,n} \left(1 - \sum_{\lambda=1, j\neq k}^{K+1} \lambda_{j,n} \left| h_{k,j,m,n} \right|^2\right) \tag{8-7}$$

系统总能量效率由式(8-8)给出：

$$\mathrm{EE}(\boldsymbol{S},\boldsymbol{P}) = \frac{R(\boldsymbol{S},\boldsymbol{P})}{Q(\boldsymbol{S},\boldsymbol{P}) - P(\boldsymbol{S},\boldsymbol{P})} = \frac{R(\boldsymbol{S},\boldsymbol{P})}{U(\boldsymbol{S},\boldsymbol{P})} \tag{8-8}$$

因此，优化问题可以被建模为

$$\max_{\boldsymbol{S},\boldsymbol{P}} \mathrm{EE}(\boldsymbol{S},\boldsymbol{P}) = \max_{\boldsymbol{S},\boldsymbol{P}} \frac{B(\boldsymbol{S},\boldsymbol{P})}{U(\boldsymbol{S},\boldsymbol{P})} \tag{8-9}$$

$$C_1: \sum_{m=1}^{M_k}\sum_{n=1}^{N} s_{k,m,n} p_{k,m,n} \leqslant p_{k,\max}, \forall k$$

$$C_2: p_{k,m,n} \geqslant 0, \forall k,m,n$$

$$C_3: s_{k,m,n} \in \{0,1\}, \forall k,m,n$$

$$C_4: \sum_{m=1}^{M_k} s_{k,m,n} \leqslant 2, \forall k, n$$

$$C_5: \sum_{m=1}^{M_k} \sum_{n=1}^{N} s_{k,m,n} r_{k,m,n} \leqslant R_{k,\min}, \forall k \tag{8-10}$$

$$C_6: \sum_{k=1}^{K} \sum_{m=1}^{M_k} \sum_{n=1}^{N} s_{k,m,n} p_{k,m,n} \left| h_{k,k+1,n} \right|^2 \leqslant I_{\max}$$

式中，C_1、C_2 是功率约束，确保用户功率非负并且不大于基站功率；约束条件 C_3 和 C_4 保证在一个子信道上最多分配两个用户；C_5 表示速率所要求的服务质量约束；C_6 是跨层干扰约束；$\left| h_{k,k+1,n} \right|^2$ 是用户从小型基站到宏基站的增益。

8.3　NOMA 异构网络中的功率和子信道优化

由于上述能量效率优化问题是一个非凸问题，目标函数式(8-9)是一个分式，并且是非线性的。为了解决这些问题，我们需要对公式进行一些修改。首先，我们使用不等式近似凸变换[16]来表示用户数据速率的下限。令

$$\hat{r}_{k,m,n} = B_{\mathrm{sc}} \alpha_{k,m,n} \log_2(\mathrm{SINR}_{k,m,n}) + \beta_{k,m,n} \tag{8-11}$$

式中

$$\alpha_{k,m,n} = \frac{\overline{\mathrm{SINR}}_{k,m,n}}{\overline{\mathrm{SINR}}_{k,m,n} + 1} \tag{8-12}$$

$$\beta_{k,m,n} = \log_2(1 + \overline{\mathrm{SINR}}_{k,m,n}) - \frac{\overline{\mathrm{SINR}}_{k,m,n}}{1 + \overline{\mathrm{SINR}}_{k,m,n}} \log_2(\overline{\mathrm{SINR}}_{k,m,n}) \tag{8-13}$$

式中，$\overline{\mathrm{SINR}}_{k,m,n}$ 是 SINR 最后一次迭代的值。

因此，具有约束条件式(8-10)的目标函数式(8-9)可以写成

$$\max_{\boldsymbol{S},\boldsymbol{P}} \mathrm{EE}(\boldsymbol{S},\boldsymbol{P}) = \max_{\boldsymbol{S},\boldsymbol{P}} \frac{\hat{R}(\boldsymbol{S},\boldsymbol{P})}{U(\boldsymbol{S},\boldsymbol{P})} \tag{8-14}$$

$$C_{5'}: \sum_{m=1}^{M_k} \sum_{n=1}^{N} s_{k,m,n} \hat{r}_{k,m,n} \leqslant R_{k,\min}, \forall k$$
$$C_1 \sim C_4, C_6 \tag{8-15}$$

此外，由于目标函数的非线性，我们将分式转换成减法，以降低计算复杂度。这里，需要引入一个代表能量效率的变量 t。

我们定义：

$$t^* = \max_{S,P} \frac{\hat{R}(S,P)}{U(S,P)} = \frac{\hat{R}(S^*,P^*)}{U(S^*,P^*)} \tag{8-16}$$

于是有

$$\hat{R}(S^*,P^*) - t^\star U(S^*,P^*) = 0 \tag{8-17}$$

目标函数式(8-14)及其约束条件可以写成

$$\max_{S,P} \hat{R}(S,P) - tU(S,P) \tag{8-18}$$
$$C_1 \sim C_4, C_{5'}, C_6$$

8.3.1　子信道分配

本节首先关联用户、基站和子信道。继文献[17]使用 DC 编程和双边匹配方法后，引入一种更简单、有效的子信道匹配算法来确定分配矩阵 S 的值。设计的算法包括两个主要过程：首先，根据信道条件的质量将用户分配给该信道，换句话说，将具有最佳信道状态的用户分配给相应的子信道；其次，选择两个能够最大化信道能量效率的用户，因为我们专注于最大限度地提高能量效率。算法 8-1 中总结了特定子信道匹配的步骤。

令 $Z_k(n)$ 表示在基站 k 上分配给子信道 n 的用户集合。$\overline{Z_k}$ 表示在基站 k 上未分配子信道的一组用户。基站 k 子信道 n 上的能量效率可以表示为

$$\text{EE}_{k,n} = \frac{\sum\limits_{m=1}^{M_k} r_{k,m,n}}{\sum\limits_{m=1}^{M_k} s_{k,m,n} p_{k,m,n} - \sum\limits_{m=1}^{M_k} \sum\limits_{j=1,j \neq k}^{K+1} \lambda_{j,n} s_{k,m,n} p_{k,m,n} \left| h_{k,j,m,n} \right|^2} \tag{8-19}$$

算法 8-1　子信道分配算法

1. 初始化子信道分配集合 S 和功率分配集合 P；
2. for $k = 1$ to $K+1$ do
3. 　　初始化被分配到子信道 n 的用户集合 $Z_k(n)$ 和未被分配子信道的用户集合 $\overline{Z_k}$；
4. 　　while $\overline{Z_k} \neq \varnothing$ do
5. 　　　for $m = 1$ to M_k do
6. 　　　　找到满足 $\left| h_{k,k,m,n^*} \right|^2 \geqslant \left| h_{k,k,m,n} \right|^2$ 的 n^*；
7. 　　　　if $\left| Z_k(n^*) \right| < 2$ then

8.　　　　　　用户 m 被分配到子信道 n，并且从集合 $\overline{Z_k}$ 中移除，令 $s_{k,m,n*}=1$；

9.　　　　end if

10.　　　　if $\left|Z_k(n^*)\right|=2$　then

11.　　　　　　子信道 n^* 选择能使 EE_{k,n^*} 最大的两个用户，并且拒绝其他用户。从集合 $\overline{Z_k}$ 中移除这两个用户，并将其子信道分配指数设置为 1；将未被分配到子信道 n^* 的用户放进集合 $\overline{Z_k}$，并将其子信道分配指数设置为 0。

12.　　　　end if

13.　　　end for

14.　　end while

15. end for

8.3.2　功率优化

由于 8.3.1 节中已经实现了子信道分配，因此可以将 $s_{k,m,n}$ 视为优化问题中的常数，仅保留变量 $p_{k,m,n}$。令 $\tilde{p}_{k,m,n}=s_{k,m,n}p_{k,m,n}$，优化问题式(8-18)被重新表示为

$$\max_{\tilde{p}\succ 0}\hat{R}(\tilde{P})-tU(\tilde{P}) \tag{8-20}$$

$$C_1:\sum_{m=1}^{M_k}\sum_{n=1}^{N}\tilde{p}_{k,m,n}\leqslant P_{k,\max},\forall k$$

$$C_2:\sum_{m=1}^{M_k}\sum_{n=1}^{N}\tilde{r}_{k,m,n}\leqslant R_{k,\min},\forall k \tag{8-21}$$

$$C_3:\sum_{k=1}^{K}\sum_{m=1}^{M_k}\sum_{n=1}^{N}\tilde{p}_{k,m,n}\left|h_{k,k+1,n}\right|^2\leqslant I_{\max}$$

目标函数和 SINR 函数可以被重新表示为

$$\hat{R}(\tilde{P})-tU(\tilde{P})=\sum_{k=1}^{K+1}\sum_{m=1}^{M_k}\sum_{n=1}^{N}\left(\tilde{r}_{k,m,n}-t\left(1-\sum_{j=1,j\neq k}^{K+1}\lambda_{j,n}\left|h_{k,j,m,n}\right|^2\right)\tilde{p}_{k,m,n}\right) \tag{8-22}$$

$$\widetilde{SINR}_{k,m,n}=\frac{\tilde{p}_{k,m,n}\left|h_{k,k,m,n}\right|^2}{\left|h_{k,k,m,n}\right|^2\sum_{r=m+1}^{M_k}\tilde{p}_{k,r,n}+\sum_{j=1,j\neq k}^{K+1}\tilde{p}_{j,n}\left|h_{k,j,m,n}\right|^2+\sigma^2} \tag{8-23}$$

式中，$\tilde{p}_{j,n}=\sum_{r=1}^{M_j}\tilde{p}_{j,r,n}$。

为了解决能量效率优化问题，我们采用了拉格朗日对偶分析的方法，通过求解对偶问题，可以得到原问题的解。拉格朗日函数被表示为

$$
\begin{aligned}
& L(\tilde{\boldsymbol{P}}, \boldsymbol{\mu}, \boldsymbol{\nu}, \xi) \\
& = \sum_{k=1}^{K+1} \sum_{m=1}^{M_k} \sum_{n=1}^{N} \left(\tilde{r}_{k,m,n} - t \left(1 - \sum_{j=1,j\neq k}^{K+1} \lambda_{j,n} \left| h_{k,j,m,n} \right|^2 \right) \tilde{p}_{k,m,n} \right) \\
& \quad + \sum_{k=1}^{K+1} \mu_k \left(P_{k,\max} - \sum_{m=1}^{M_k} \sum_{n=1}^{N} \tilde{p}_{k,m,n} \right) \\
& \quad + \sum_{k=1}^{K+1} \nu_k \left(\sum_{m=1}^{M_k} \sum_{n=1}^{N} \tilde{r}_{k,m,n} - R_{k,\min} \right) + \xi \left(I_{\max} - \sum_{k=1}^{K} \sum_{m=1}^{M_k} \sum_{n=1}^{N} \tilde{p}_{k,m,n} \left| h_{k,k+1,n} \right|^2 \right)
\end{aligned} \tag{8-24}
$$

式中，$\boldsymbol{\mu}=[\mu_1,\mu_2,\cdots,\mu_{K+1}]$、$\boldsymbol{\nu}=[\nu_1,\nu_2,\cdots,\nu_{K+1}]$ 和 ξ 是该函数的拉格朗日乘数。因此，对偶函数可以表示为

$$
D(\boldsymbol{\mu}, \boldsymbol{\nu}, \xi) - \max_{\tilde{p}\succ 0} L(\tilde{\boldsymbol{P}}, \boldsymbol{\mu}, \boldsymbol{\nu}, \xi) \tag{8-25}
$$

对偶问题可以表述为

$$
\min_{\boldsymbol{\mu}, \boldsymbol{\nu}, \xi} D(\boldsymbol{\mu}, \boldsymbol{\nu}, \xi) \tag{8-26}
$$

通过在式(8-24)中对 $\tilde{p}_{k,m,n}$ 求偏导数可以获得功率分配。因为跨层干扰约束条件 C_6 是小型基站对宏基站的干扰，所以当 $k \neq K+1$ 时没有 C_6。当 $k \neq K+1$ 时，我们能得到

$$
\begin{aligned}
\frac{\partial L(\tilde{\boldsymbol{P}}, \boldsymbol{\mu}, \boldsymbol{\nu}, \xi)}{\partial \tilde{p}_{k,m,n}} & = \frac{B_{sc}\alpha_{k,m,n}(1+\nu_k)}{\tilde{p}_{k,m,n}\ln 2} - \sum_{r=1}^{m-1} \frac{B_{sc}\alpha_{k,r,n}(1+\nu_k)\widetilde{SINR}_{k,r,n}}{\tilde{p}_{k,r,n}\ln 2} \\
& \quad - \sum_{j=1,j\neq k}^{K+1} \sum_{t}^{M_j} \frac{B_{sc}\alpha_{j,t,n}(1+\nu_j)\widetilde{SINR}_{j,t,n}}{\tilde{p}_{j,t,n}\ln 2} \frac{\left| h_{j,k,t,n} \right|^2}{\left| h_{j,j,t,n} \right|^2} \\
& \quad - t \left(1 - \sum_{j=1,j\neq k}^{K+1} \lambda_{j,n} \left| h_{k,j,m,n} \right|^2 \right) - \mu_k - \xi \left| h_{k,k+1,n} \right|^2 = 0
\end{aligned} \tag{8-27}
$$

然后我们能得到

$$
\tilde{p}_{k,m,n} = \frac{B_{sc}\alpha_{k,m,n}(1+\nu_k)}{\ln 2\left(t \left(1 - \sum\limits_{j=1,j\neq k}^{K+1} \lambda_{j,n} \left| h_{k,j,m,n} \right|^2 \right) + \mu_k + \xi \left| h_{k,k+1,n} \right|^2 \right) + \sum\limits_{r=1}^{m-1} f(\tilde{p}_{k,r,n}) + \sum\limits_{j=1,j\neq k}^{K+1} \sum\limits_{t}^{M_j} f(\tilde{p}_{j,t,n}) \dfrac{\left| h_{j,k,t,n} \right|^2}{\left| h_{j,j,t,n} \right|^2}}
$$

$$
\tag{8-28}
$$

式中，$f(\tilde{p}_{k,r,n}) = \dfrac{B_{sc}\alpha_{k,r,n}(1+\nu_k)\widetilde{\mathrm{SINR}}_{k,r,n}}{\tilde{p}_{k,r,n}}$。

同样地，当 $k = K+1$ 时，我们能得到

$$\tilde{p}_{k,m,n} = \frac{B_{sc}\alpha_{k,m,n}(1+\nu_k)}{\ln 2\left(t\left(1-\displaystyle\sum_{j=1,j\neq k}^{K+1}\lambda_{j,n}\left|h_{k,j,m,n}\right|^2\right)+\mu_k\right)+\displaystyle\sum_{r=1}^{m-1}f(\tilde{p}_{k,r,n})+\displaystyle\sum_{j=1,j\neq k}^{K+1}\displaystyle\sum_{t}^{M_j}f(\tilde{p}_{j,t,n})\dfrac{\left|h_{j,k,t,n}\right|^2}{\left|h_{j,j,t,n}\right|^2}}$$

$$\text{(8-29)}$$

在得到功率分配方案后，我们可以用次梯度法来更新乘数。更新后的拉格朗日乘数可以写成

$$\mu_k(i+1) = \mu_k(i) - \delta_1(i)\left(P_{k,\max} - \sum_{m=1}^{M_k}\sum_{n=1}^{N}\tilde{p}_{k,m,n}(i)\right) \tag{8-30}$$

$$\nu_k(i+1) = \nu_k(i) - \delta_2(i)\left(\sum_{m=1}^{M_k}\sum_{n=1}^{N}\tilde{r}_{k,m,n}(i) - R_{k,\min}\right) \tag{8-31}$$

$$\xi(i+1) = \xi(i) - \delta_3(i)\left(I_{\max} - \sum_{k=1}^{K}\sum_{m=1}^{M_k}\sum_{n=1}^{N}\tilde{p}_{k,m,n}(i)\left|h_{k,k+1,n}\right|^2\right) \tag{8-32}$$

式中，i 表示迭代次数；$\delta_1(i)$、$\delta_2(i)$ 和 $\delta_3(i)$ 表示第 i 次迭代的步长。算法 8-2 中总结了功率分配过程。

算法 8-2　功率分配算法

---

1. 初始化最大迭代次数 $E_{\max}$，令迭代次数 $e=0$，能量效率为 $t^{(0)}$，最大容差为 ε；

2. while $\left|\hat{R}(\boldsymbol{P}^{(e)}) - t^*U(\boldsymbol{P}^{(e)})\right| > \varepsilon$ or $e < E_{\max}$ do

3. 　　初始化 $I_{\max}$，令迭代次数 $i=0$，拉格朗日乘数为 μ_k、ν_k 和 ξ；

4. 　　repeat

5. 　　　for $k=1$ to $K+1$ do

6. 　　　　for $m=1$ to M_k do

7. 　　　　　for $n=1$ to N do

8. 　　　　　　(1)根据式(8-28)或式(8-29)更新 $\tilde{p}_{k,m,n}$；

9. 　　　　　　(2)更新式(8-30)中的 μ_k；

10. 　　　　　　(3)更新式(8-31)中的 ν_k；

11. 　　　　　　(4)更新式(8-32)中的 ξ；

12.　　　　end for

13.　　　　end for

14.　　　end for

15.　　　$i = i+1$;

16.　　until 收敛或者 $i = i_{\max}$;

17.　　$e = e+1$, $t^{(e)} = \hat{R}(\boldsymbol{P}^{(e-1)})/U(\boldsymbol{P}^{(e-1)})$ 。

18. end while

8.4 仿真结果与分析

本节通过仿真验证提出的资源分配算法的能量效率。宏基站位于宏小区的中心，宏小区的半径为 500m。该系统中的总带宽为1MHz，提供的子信道数为 10，载波频率为2GHz。小小区在宏小区范围内均匀分布，小小区的半径为10m。

图 8-2 显示了当算法 8-2 的迭代次数从 0 增加到 30 时，应用 SWIPT 的系统和未应用 SWIPT 的系统各自的能量效率。图中，小型基站的最大功率设置为 30dBm，小型基站的数量设置为 10，每个小型基站有 6 个用户。从图中可以看出，随着迭代次数的增加，系统的总能量效率可以在 15 次迭代后收敛，这表明了算法的收敛性。应用SWIPT的系统的能量效率约为2.4×10^8 bit/J，而未应用SWIPT的系统的能量效率约为1.1×10^8 bit/J。具有能量收集单元的系统可以在传输时收集

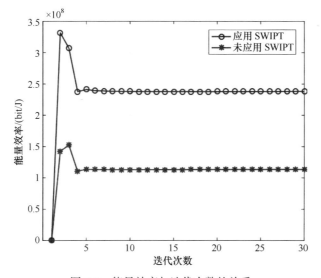

图 8-2 能量效率与迭代次数的关系

能量，从而可以大大降低能耗。与未应用 SWIPT 的系统相比，该系统的性能可以提高到 2 倍以上。

图 8-3 显示了在应用 SWIPT 和未应用 SWIPT 的情况下，每个小型基站的用户数从 5 个增加到 10 个时的系统能量效率。小型基站的最大功率设置为 23dBm，数量设置为 10。从图中可以看到，随着小型基站中用户数量的增加，应用了 SWIPT 的系统的能量效率增加更明显，而未应用 SWIPT 的系统的能量效率增加相对较慢。造成这种现象的主要原因是，随着用户数量的增加，小型基站将为更多的用户提供服务，并且具有能量收集单元的系统收集的能量也将增加，这导致两个系统之间的差距越来越明显。

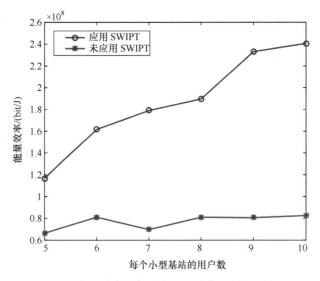

图 8-3   能量效率与每个小型基站中用户数的关系

8.5 总 结

本章考虑到能量收集和跨层干扰，研究了 NOMA 异构小小区网络中的子信道分配和功率优化。考虑到优化问题是非凸的，将其解耦为一个低复杂度问题，提出了一种基于信道条件质量的高效子信道匹配方案。然后，给定确定的子信道分配后，通过算法 8-2 获得功率分配方案。仿真结果证明了所提出算法在能量效率方面的收敛性和有效性。

参 考 文 献

[1] Thi M T, Huynh T, Hwang W J. Proportional selection of mobile relays in millimeter-wave

heterogeneous networks. IEEE Access, 2018, 6(1): 16081-16091.

[2] Li Q, Yang Q H, Qin M, et al. Energy efficient user association and resource allocation in active array aided HetNets. IET Communications, 2018, 12(6): 672-679.

[3] Xu B Y, Chen Y, Carrion J R, et al. Resource allocation in energy-cooperation enabled two-tier NOMA HetNets toward green 5G. IEEE Journal on Selected Areas in Communications, 2017, 35(12): 2758-2770.

[4] Moltafet M, Azmi P, Mokari N, et al. Optimal and fair energy efficient resource allocation for energy harvesting-enabled-PD-NOMA-based HetNets. IEEE Transactions on Wireless Communications, 2018, 17(3): 2054-2067.

[5] Lohani S, Hossain E, Bhargava V K. On downlink resource allocation for SWIPT in small cells in a two-tier HetNet. IEEE Transactions on Wireless Communications, 2016, 15(11): 7709-7724.

[6] Zhang H J, Nie Y, Cheng J L, et al. Sensing time optimization and power control for energy efficient cognitive small cell with imperfect hybrid spectrum sensing. IEEE Transactions on Wireless Communications, 2017, 16(2): 730-743.

[7] Raschella A, Bouhafs F, Deepak G C, et al. QoS aware radio access technology selection framework in heterogeneous networks using SDN. Journal of Communications and Networks, 2017, 19(6): 577-586.

[8] Liu G L, Wang R S, Zhang H J, et al. Super-modular game based user scheduling and power allocation for energy-efficient NOMA network. IEEE Transactions on Wireless Communication, 2018, 21(2): 1346-1358.

[9] Liu Y W, Qin Z J, Elkashlan M, et al. Non-orthogonal multiple access in large-scale heterogeneous networks. IEEE Journal on Selected Areas in Communications, 2017, 35(12): 2667-2680.

[10] Zhang H J, Du J L, Cheng J L, et al. Incomplete CSI based resource optimization in SWIPT enabled heterogeneous networks: A non-cooperative game theoretic approach. IEEE Transactions on Wireless Communications, 2018, 17(3): 1882-1892.

[11] Zhang H J, Feng M T, Long K P, et al. Energy-efficient resource allocation in NOMA heterogeneous networks with energy harvesting. Proceedings of 2018 IEEE Global Communications Conference(GLOBECOM), Abu Dhabi, 2018: 206-212.

[12] He S M, Xie K, Chen W W, et al. Energy-aware routing for SWIPT in multi-hop energy-constrained wireless network. IEEE Access, 2018, 6(2): 17996-18008.

[13] Zhang H J, Du J L, Cheng J L, et al. Resource allocation in SWIPT enabled heterogeneous cloud small cell networks with incomplete CSI. Proceedings of IEEE Global Communications Conference, Washington DC, 2016: 1-5.

[14] Zhao J J, Liu Y W, Chai K K, et al. Resource allocation for non-orthogonal multiple access in heterogeneous networks. Proceedings of IEEE International Conference on Communications, Paris, 2017: 1-6.

[15] Zhang H J, Huang S T, Jiang C X, et al. Energy efficient user association and power allocation in millimeter-wave-based ultra dense networks with energy harvesting base stations. IEEE Journal on Selected Areas in Communications, 2017, 35(9): 1936-1947.

[16] Fang F, Zhang H J, Cheng J L, et al. Joint user scheduling and power allocation optimization for

energy-efficient NOMA systems with imperfect CSI. IEEE Journal on Selected Areas in Communications, 2017, 35(12): 2874-2885.

[17] Fang F, Zhang H J, Cheng J L, et al. Energy-efficient resource allocation for downlink non-orthogonal multiple access network. IEEE Transactions on Communications, 2016, 64(9): 3722-3732.

第9章 NOMA网络中的高效动态资源优化

9.1 引 言

在过去的十年中，OFDMA已经在第四代移动通信系统中得到了广泛的研究和应用[1,2]。然而，由于每个子信道在每个时隙中最多只能由一个用户使用，因此OFDMA中的正交信道接入已成为频谱效率的限制因素[3]。随着智能移动设备的爆炸性增长以及对高频谱效率需求的日益增长，NOMA已被引入系统以减轻基站过载通信的沉重负担[4]。NOMA网络是一种在第五代移动网络中可实现大规模连接的有前景的技术，因为NOMA允许多个用户共享功率域中的相同子信道，可以以较低的接收器复杂度显著提高频谱效率[5]。

NOMA作为第五代移动通信的候选技术之一，当多个用户共享同一子信道时，会在每个子信道上产生用户间干扰[6]。然后，可以在最终用户接收机处用SIC的多用户检测技术对接收信号进行解码[7]。通过在发射机处进行功率域复用和在接收机处进行SIC，NOMA可以实现明显优于正交多址方案的容量区域[8]。文献[9]的作者使用凸规划差分法研究了子信道分配和功率分配。在文献[10]中，作者提出了一种次优算法来解决具有固定传输功率的上行链路NOMA调度问题。在文献[11]中，作者开发了李雅普诺夫优化框架，以平衡高能量效率OFDMA异构云网络的平均吞吐量和平均延迟。文献[12]将李雅普诺夫优化框架应用于两层OFDMA异构网络中来解决资源分配的动态优化问题。但是，大多数现有工作仅在OFDMA系统中考虑了资源分配。据我们所知，以前的工作中很少研究使用李雅普诺夫优化NOMA网络中的资源分配。

本章通过考虑能量效率、服务质量要求、功率限制和队列稳定性来分别研究单个下行链路NOMA网络中的子信道和功率分配。基于我们开发的新型节能NOMA网络优化框架，使用李雅普诺夫优化设计了一种基于匹配理论的子信道分配算法和一个具有多个约束的功率分配算法。

9.2 系统模型和问题建模

在NOMA网络中，一个用户可以通过多个子信道从基站接收信号，并且在同一个时隙t内，一个子信道可以分配给多个用户。我们将$g_{j,n}(t)$设置为BS和子信

道 n 上用户 j 之间的信道增益。 $a_{j,n}(t)=1$ 表示在时隙 t ，子信道 n 被分配给 BS 的用户 j ，否则， $a_{j,n}(t)=0$ 。在时隙 t 时，子信道 n 上用户 j 的接收功率 $y_{j,n}(t)$ 可以写成

$$y_{j,n}(t) = \sqrt{g_{j,n}(t)} \sum_{u=1}^{U} a_{u,n}(t) \sqrt{p_{u,n}(t)} + n_{j,n}(t) \qquad (9\text{-}1)$$

式中， $p_{u,n}(t)$ 是在时隙 t 时子信道 n 上用户 u 的发射功率； $n_{j,n}(t)$ 是在时隙 t 时子信道 n 上用户 j 的加性高斯白噪声的噪声功率方差。在下行链路 NOMA 系统中，由于子信道 n 上的用户 j 会对同一子信道上的其他用户造成干扰，因此每个用户 j 在接收到叠加信号之后采用 SIC 来解调目标消息。正如文献[13]所示，在不限制特定功率分配的情况下，一个用户的数据可以通过 SIC 的叠加编码被另一个信道增益更好的用户成功解码。由于具有较高信道增益的用户 u 只能对具有较差信道增益的用户 i 的信号进行解码，因此由信道增益优于用户 u 的用户 j 引起的干扰信号将无法解码，将被视为噪声。因此，在 SIC 之后，由相同子信道 n 上的其他用户引起的对用户 u 的干扰由式(9-2)给出：

$$I_{u,n}(t) = \sum_{i \in \{S_n | g_{i,n} > g_{u,n}\}} a_{i,n}(t) p_{i,n}(t) g_{u,n}(t) \qquad (9\text{-}2)$$

式中， S_n 是子信道 n 上的用户集。将此残留干扰建模为附加的 AWGN，我们可以使用香农容量公式，写出在时隙 t 时子信道 n 上用户 $u \in \mathcal{U} = \{1,2,\cdots,U\}$ 的容量，如下所示：

$$R_{u,n}(t) = a_{u,n}(t) \log_2 \left(1 + \frac{p_{u,n}(t) g_{u,n}(t)}{n_{u,n}(t) + I_{u,n}(t)} \right), \quad \forall u \in \mathcal{U}, n \in \mathcal{N} \qquad (9\text{-}3)$$

在时隙 t 时用户 u 的容量可以写为

$$R_u(t) = \sum_{n=1}^{N} R_{u,n}(t), \quad \forall u \in \mathcal{U} \qquad (9\text{-}4)$$

BS 所有用户的总容量为

$$U_{\text{tot}}(t) = \sum_{u=1}^{U} R_u(t) \qquad (9\text{-}5)$$

为了指定用户的 QoS，我们设 $\hat{R}_u$ 为 QoS 要求的用户 u 的最小容量，因此：

$$C_1 : R_u(t) \geqslant \hat{R}_u, \quad \forall u \in \mathcal{U} \qquad (9\text{-}6)$$

用 $Q_u(t)$ 表示用户 u 在时隙 t 维护的队列。 $Q_u(t)$ 的流量到达速率用 $A_u(t)$ 表示，其在时隙的峰值到达速率为 $A_u^{\max}$ 。 $r_u(t)$ 表示 $Q_u(t)$ 允许的数据速率，显然 $r_u(t) \leqslant A_u(t)$ 。因此，我们将用户 u 的流量缓冲队列表示为

$$Q_u(t+1) = \left[Q_u(t) - R_u(t) \right]^+ + r_u(t), \quad \forall u \in \mathcal{U} \tag{9-7}$$

根据用户的数据传输速率，时间平均吞吐量定义为 $\overline{r}_u = \lim\limits_{T \to \infty} \dfrac{1}{T} \sum\limits_{t=0}^{T} r_u(t)$。

用 $p_u(t)$ 和 $p_{\text{tot}}(t)$ 分别表示用户 u 在时隙 t 的瞬时功率和 BS 在时隙 t 的总功耗，可以写成

$$p_u(t) = \sum_{n=1}^{N} p_{u,n}(t) + p_{c,u} \tag{9-8}$$

和

$$p_{\text{tot}}(t) = \sum_{u=1}^{U} p_u(t) \tag{9-9}$$

式中，$p_{c,u}$ 表示用户 u 的电路功率。用户 u 的平均和瞬时功率约束由 P_u 和 $\hat{P}_u$ 表示，可以写成

$$C_2 : \overline{p}_u = \lim_{t \to \infty} \frac{1}{t} \sum_{\tau=0}^{t} p_u(t) \leqslant P_u, \quad \forall u \in \mathcal{U} \tag{9-10}$$

$$C_3 : p_u(t) \leqslant \hat{P}_u, \quad \forall u \in \mathcal{U} \tag{9-11}$$

我们将非递减凹效用函数 $g_{\text{R}}(\cdot)$ 表示为通过数据比率所获得的收入。令 η_{EE} 表示能量效率，其定义为长期数据容量带来的利润与相应的长期总功耗之比，可以写成

$$\eta_{\text{EE}} = \frac{\sum\limits_{u \in \mathcal{U}} g_{\text{R}}(\overline{r}_u)}{\overline{p}_{\text{tot}}} \tag{9-12}$$

式中，$\overline{p}_{\text{tot}} = \lim\limits_{T \to \infty} \dfrac{1}{T} \sum\limits_{t=0}^{T} p_{\text{tot}}(t)$。

在本节中，当考虑所有约束时，效用函数表示为

$$\max \eta_{\text{EE}} = \frac{\sum\limits_{u \in \mathcal{U}} g_{\text{R}}(\overline{r}_u)}{\overline{p}_{\text{tot}}}$$

$$\text{s.t.} C_1, C_2, C_3 \tag{9-13}$$

$$C_4 : \tilde{R}_u \geqslant \overline{r}_{k,u}, \forall u \in \mathcal{U}$$

式中，$\tilde{R}_u = \lim\limits_{T \to \infty} \dfrac{1}{T} \sum\limits_{t=0}^{T} R_u(t)$ 是 $R_u(t)$ 的时间平均。约束 C_1 确保用户的 QoS；C_2 是用户 u 最大平均发射功率的约束；C_3 是用户 u 的最大瞬时发射功率的约束；C_4 确保用户 u 的稳定性。我们定义最佳能量效率 $\eta_{\text{EE}}^{\text{opt}}$ 为

$$\eta_{EE}^{opt} = \frac{\sum_{u \in \mathcal{U}} g_R(\bar{r}_u(p^*))}{\bar{p}_{tot}(p^*)} = \max \frac{\sum_{u \in \mathcal{U}} g_R(\bar{r}_u(p))}{\bar{p}_{tot}(p)} \tag{9-14}$$

式中，p^* 表示产生 η_{EE}^{opt} 的最优功率分配。我们介绍如下定理。

定理 9-1 可以达到最佳能量效率 η_{EE}^{opt}，当且仅当满足：

$$\max \sum_{u \in \mathcal{U}} g_R(\bar{r}_u(p)) - \eta_{EE}^{opt} \bar{p}_{tot}(p)$$
$$= \sum_{u \in \mathcal{U}} g_R(\bar{r}_u(p^*)) - \eta_{EE}^{opt} \bar{p}_{tot}(p^*) = 0 \tag{9-15}$$

式中，$\sum_{u \in \mathcal{U}} g_R(\bar{r}_u(p)) \geqslant 0$，$\bar{p}_{tot}(p) \geqslant 0$。

证明：由于篇幅限制，这里省略了定理的证明。在文献[14]中可以找到类似的详细证明。

根据定理 9-1，(非凸)优化问题式(9-13)可以用更易于处理的形式重写：

$$\max \sum_{u \in \mathcal{U}} g_R(\bar{r}_u(p)) - \eta_{EE}^{opt} \bar{p}_{tot}(p)$$
$$\text{s.t. } C_1, C_2, C_3, C_4 \tag{9-16}$$

9.3 使用李雅普诺夫的能量效率优化

本节研究 NOMA 网络中的子信道分配，并基于李雅普诺夫优化解决式(9-15)中的优化问题。

9.3.1 子信道匹配

我们假设在 NOMA 系统中，处在时隙 t 时所有用户都可以在子信道 n 上任意传输。考虑到解码的复杂性和用户的公平性，每个子信道最多只能分配给 D_n 个用户，每个用户最多只能同时占用 D_u 个子信道。并且，我们假设 $ND_n \geqslant UD_u$。用户和子信道之间的动态匹配被视为 U 个用户的集合和 N 个子信道的集合之间的双向匹配过程。如果 $a_{u,n}(t) = 1$，则用户 u 在时隙 t 与子信道 n 匹配。基于信道状态信息，我们假定，当且仅当 $g_{u,n_1} > g_{u,n_2}$ 时，相比于信道 n_2，用户 u 更偏好信道 n_1。因此，用户的偏好列表可以表示为

$$\text{Pref\_}U = [\text{Pref\_}U(1), \cdots, \text{Pref\_}U(u), \cdots, \text{Pref\_}U(U)]^T \tag{9-17}$$

式中，$\text{Pref\_}U(u)$ 是用户 u 的偏好列表，其按照子信道的信道增益降序排列。为了降低复杂度，我们在后面提出了一种用于子信道分配的次优匹配算法。

算法 9-1 子信道分配的次优匹配算法

1. 初始化匹配列表 S_n 和 S_u 来分别表示与子信道 n $(\forall n \in \{1,2,\cdots,N\})$ 匹配的用户数和与用户 u $(\forall u \in \{1,2,\cdots,U\})$ 匹配的子信道数；

2. 根据信道状态信息为所有用户初始化首选项列表 $\text{Pref}\_U(u)$；

3. 初始化一组不完全匹配的用户组 $S_{U\_F}(u)$ 以表示未与 d_u 个子信道匹配的用户；

4. while $S_{U\_F}(u) \neq \varnothing$ do

5.   for $u = 1$ to U do

6.   if $S_u < d_u$ then

7.   用户 u 根据 $\text{Pref}\_U(u)$ 向其最喜欢的子信道 $\hat{n}$ 发送匹配请求；

8.   if $S_{\hat{n}} < d_{\hat{n}}$ then

9.   令 $a_{u,\hat{n}} = 1$、$S_u = S_u + 1$ 和 $S_{\hat{n}} = S_{\hat{n}} + 1$；

10.   else if $S_{\hat{n}} = d_{\hat{n}}$ then

11.   找到用户在子信道 $\hat{n}$ 上的最小信道增益 $g_{\hat{u},\hat{n}}$ 并将其与 $g_{u,\hat{n}}$ 比较；

12.   if $g_{\hat{u},\hat{n}} < g_{u,\hat{n}}$ then

13.   令 $a_{u,\hat{n}} = 1$、$S_u = S_u + 1$、$a_{\hat{u},\hat{n}} = 0$ 和 $S_{\hat{u}} = S_{\hat{u}} - 1$；

14.   else

15.   将子信道 $\hat{n}$ 从 $\text{Pref}\_U(u)$ 中移除并根据 $\text{Pref}\_U(u)$ 找到用户 u 的下一个 $\hat{n}$。

16.   end if

17.   end if

18.   end if

19.   end for

20. end while

9.3.2 李雅普诺夫优化的队列

由于 $g_R(\bar{r}_u)$ 与时间平均吞吐量相关，我们为用户 u 的流量到达速率定义辅助变量 γ_u，满足 $\bar{\gamma}_u \leq \bar{r}_u$ 和 $0 \leq \gamma_u \leq A_u^{\max}$。因此，可以将式(9-16)中的优化问题重写为

$$\max \sum_{u \in \mathcal{U}} \overline{g_R(\gamma_u)} - \eta_{EE} p_{tot}(t)$$
$$\text{s.t.} \, C_1, C_2, C_3, C_4$$
$$C_5: \bar{\gamma}_u \leq \bar{r}_u, 0 \leq \gamma_u \leq A_u^{\max} \tag{9-18}$$

式中，$\overline{\gamma}_u = \lim\limits_{T \to \infty} \dfrac{1}{T} \sum\limits_{t=0}^{T} \gamma_u(t)$；$\overline{g_R(\gamma_u)} = \lim\limits_{T \to \infty} \dfrac{1}{T} \sum\limits_{t=0}^{T} g_R(\gamma_u(t))$。为了满足 C_5 中的平均吞吐量约束，我们用 $H_u(t)$ 表示用户 u 在时隙 t 的虚拟队列，可以得到

$$H_u(t+1) = \left[H_u(t) - r_u(t)\right]^+ + \gamma_u(t), \quad \forall u \in \mathcal{U} \tag{9-19}$$

类似地，为了满足约束 C_2，为用户 u 定义了虚拟功率队列。我们用 $Z_u(t)$ 表示具有发射功率 $p_u(t)$ 的到达队列，并得到

$$Z_u(t+1) = \left[Z_u(t) - P_u\right]^+ + p_u(t), \quad \forall u \in \mathcal{U} \tag{9-20}$$

9.3.3 李雅普诺夫优化的表述

用 $\boldsymbol{\Phi}(t) = \left[Q(t), H(t), Z(t)\right]$ 表示所有队列的矩阵。我们将李雅普诺夫函数定义为队列拥塞的标量度量：

$$L(\boldsymbol{\Phi}(t)) = \frac{1}{2} \left(\sum_{u=1}^{U} \left(Q_u(t)^2 + H_u(t)^2 + Z_u(t)^2 \right) \right) \tag{9-21}$$

在本节中，我们将引入李雅普诺夫偏移，以将李雅普诺夫函数推向较低的拥塞状态，并保持实际队列和虚拟队列的稳定：

$$\Delta(\boldsymbol{\Phi}(t)) = E\left\{ L(\boldsymbol{\Phi}(t+1)) - L(\boldsymbol{\Phi}(t)) \right\} \tag{9-22}$$

根据李雅普诺夫优化，通过从式(9-22)的两侧减去 $VE\left\{ \sum\limits_{u \in \mathcal{U}} g_R(\gamma_u) - \eta_{EE} p_{tot} \right\}$，我们得到

$$\Delta(\boldsymbol{\Phi}(t)) - VE\left\{ \sum_{u=1}^{U} g_R(\gamma_u) - \eta_{EE} p_{tot}(t) \right\}$$

$$\leqslant B + \sum_{u=1}^{U} E\left\{ H_u(t)\gamma_u - V g(\gamma_u) \right\} + VE\left(\eta_{EE} p_{tot}(t) \right)$$

$$- \sum_{u=1}^{U} \left(H_u(t) - Q_u(t) \right) E\left\{ r_u(t) \right\} - \sum_{u=1}^{U} Q_u(t) E\left\{ R_u(t) \right\}$$

$$- \sum_{u=1}^{U} Z_u(t) E\left\{ P_u(t) - p_u(t) \right\} \tag{9-23}$$

式中，V 是一个任意的正控制参数，与队列稳定性相比，它代表着对效用最大化的重视；B 是一个满足以下条件的有限常数。

$$B \geqslant \frac{1}{2} E\left\{ \sum_{u=1}^{U} \left(r_u(t)^2 + R_u(t)^2 \right) \right\}$$

$$+ \frac{1}{2} E\left\{ \sum_{u=1}^{U} \left(\left(r_u(t) - \gamma_u(t) \right)^2 + \left(P_u(t) - p_u(t) \right)^2 \right) \right\} \tag{9-24}$$

(1) 虚拟变量的解：使式(9-24)最小化的 γ_u 的最佳选择可以通过求解下式得到，即

$$\max V g_{\mathrm{R}}(\gamma_{k,u}) - H_{k,u}(t)\gamma_{k,u}$$
$$\mathrm{s.t.}\, 0 \leqslant \gamma_u \leqslant A_u^{\max} \tag{9-25}$$

其解为

$$\gamma_u(t) = \min\left\{\frac{V}{H_u(t)}, A_u^{\max}\right\} \tag{9-26}$$

(2) 实际流量到达的解决方案：为了使式(9-24)最小，可以通过最大化以下表达式来实现最佳的实际流量到达，即

$$\max\{H_u(t) - Q_u(t)\}E\{r_u(t)\}$$
$$\mathrm{s.t.}\, 0 \leqslant r_u(t) \leqslant A_u(t) \tag{9-27}$$

因此，我们得到了最佳的解决方案：

$$r_u(t) = \begin{cases} A_u(t), & H_u(t) - Q_u(t) > 0 \\ 0, & \text{否则} \end{cases} \tag{9-28}$$

(3) 功率分配：为了最小化式(9-23)，我们首先获得虚拟变量和实际流量到达速率的最佳解，然后可以最小化式(9-24)的其余部分。令 $\omega_{u,n}(t) = a_{u,n}(t)p_{u,n}(t)$，$\forall u \in \mathcal{U}, n \in \mathcal{N}$，为了满足一系列约束条件，可以将式(9-23)其余部分的问题的拉格朗日函数表示为

$$F(\boldsymbol{\lambda}, \boldsymbol{\beta}) = \min L(\boldsymbol{\lambda}, \boldsymbol{\beta}) = VE\{\eta_{\mathrm{EE}} p_{\mathrm{tot}}(t)\}$$
$$+ \sum_{u=1}^{U} Z_u(t)p_u(t) - \sum_{u=1}^{U} Q_u(t)E\{R_u(t)\}$$
$$+ \sum_{u=1}^{U} \lambda_u(t)\{p_u(t) - \hat{P}_u\} + \sum_{u=1}^{U} \beta_u(t)\{\hat{R}_u(t) - R_u\} \tag{9-29}$$

式中，$\boldsymbol{\lambda}$、$\boldsymbol{\beta}$ 是式(9-18)中约束 C_1 和 C_3 的拉格朗日乘数向量。取 $F(\boldsymbol{\lambda}, \boldsymbol{\beta})$ 相对于 $\omega_{u,n}(t)$ 的一阶导数，我们可以得出以下最佳功率分配：

$$p_{u,n}(t) = \frac{\omega_{u,n}(t)}{a_{u,n}(t)} = \frac{Q_u(t) + \beta_u(t)}{\ln 2(V\eta_{\mathrm{EE}} + Z_u(t) + \lambda_u(t))} - \frac{n_{u,n}(t) + I_{u,n}(t)}{g_{u,n}(t)} \tag{9-30}$$

基于次梯度法[15]，可以通过以下方法解决式(9-29)中的主对偶问题。

$$\lambda_u^{l+1} = \left[\lambda_u^l - \varepsilon_1^l\left(\hat{P}_u - \sum_{n=1}^{N} \omega_{u,n}(t)\right)\right]^+, \quad \forall u \in \mathcal{U} \tag{9-31}$$

$$\beta_u^{l+1} = \left[\beta_u^l - \varepsilon_2^l \left(\sum_{n=1}^{N} R_{u,n} - R_u \right) \right]^+, \quad \forall u \in \mathcal{U}$$

在时间间隔 T 之后，我们得到平均能量效率 η_{EE}^{ave} 为

$$\eta_{EE}^{ave} = \frac{1}{T} \sum_{t=1}^{T} \eta_{EE} \tag{9-32}$$

在算法 9-2 中总结了上述基于李雅普诺夫优化解决式(9-18)中能量效率优化问题的方法。

算法 9-2 基于李雅普诺夫优化的资源分配算法

---

1. 使用次优算法 9-1 初始化 $a_{u,n}(t)$；

2. 使用相等的功率分配初始化 $p_{u,n}(t)$；

3. 初始化 A_u^{max} 和 $Q_u(t)$ 的值；

4. repeat

5.   通过分别求解式(9-26)、式(9-28)，计算每个时隙的辅助变量 $\gamma_u(t)$ 和允许的流量 $r_u(t)$；

6.   根据式(9-30)获得当前时隙的最优功率分配；

7.   通过求解式(9-12)计算能量效率的值；

8.   通过求解式(9-31)更新拉格朗日乘数向量 λ、β；

9. until 收敛；

10. 分别通过求解式(9-7)、式(9-19)、式(9-20)，计算下一个时隙的流量队列 $r_u(t)$ 和虚拟队列 $H_u(t)$ 和 $Z_u(t)$。

在这项工作中，所有实际队列 $Q_u(t)$ 以及虚拟队列 $H_u(t)$ 和 $Z_u(t)$ 均保持稳定的平均速率。我们假设 $P_{tot}(t)$ 和 $U_{tot}(t)$ 的期望受以下约束：

$$P_{min} \leqslant E\{P_{tot}(t)\} \leqslant P_{max} \tag{9-33}$$

$$R_{min} \leqslant E\{U_{tot}(t)\} \leqslant R_{max} \tag{9-34}$$

式中，P_{min}、P_{max}、R_{min} 和 R_{max} 是有限常数。定理 9-2 给出了算法 9-2 所获得的能量效率性能和平均队列长度性能。

定理 9-2 利用提出的优化解决方案，η_{EE} 受以下限制：

$$\eta_{EE} \geqslant \eta_{EE}^{opt} - \frac{B}{V P_{min}} \tag{9-35}$$

平均网络队列长度的性能受以下因素限制：

$$\overline{Q} \leqslant \frac{B+V(R_{\max}-\eta_{\mathrm{EE}}^{\mathrm{opt}}P_{\min})}{\varepsilon} \tag{9-36}$$

式中，$\eta_{\mathrm{EE}}^{\mathrm{opt}}$ 是所有可实现解的理论上最大可实现效用。

证明： 由于篇幅所限，这里不提供详细的证明，类似的证明可以在文献[11]中找到。

定理 9-2 表明存在一个效用-积压折中的结果 $[O(1/V),O(V)]$，从而可以得到利特尔定理。

9.4　仿真结果与分析

本节将给出仿真结果以评估所提出算法的性能。为了进行仿真，将用户 u 的最大平均发射功率和最大瞬时发射功率分别设置为 2.5W 和 2.505W。我们假设用户 u 的电路功率为 0.5W。时间间隔 T 被设置为 3000 个时隙，这意味着流量到达率为 30bit/(s·Hz)。

在图 9-1 中，使用具有不同 D_u 的参数 V 来评估平均能量效率的性能，其中，参数 V 表示分配给每个用户和 OFDMA 中的子信道数。用户 QoS 要求设置为 $\hat{R}_u = 9\mathrm{bit}/(\mathrm{s}\cdot\mathrm{Hz})$，每个子信道的最大匹配用户数为 $D_n = 2$。仿真结果表明，随着参数 V 的增加，有着相同 D_u 值的 NOMA 和 OFDMA 中能量效率的值都是先增加并收敛到一定值。对于相同的 V 值，D_u 的值越大，平均能量效率值越大，这是因为更大的 D_u 会导致更高的平均容量。结果表明，NOMA 的平均能量效率优于 OFDMA 的平均能量效率。

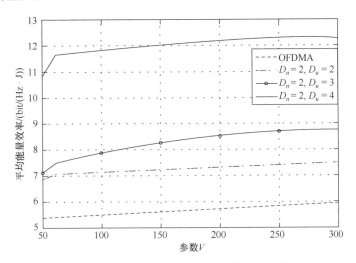

图 9-1　平均能量效率性能与参数 V 的关系

9.5　总　结

本节研究了 NOMA 网络下行链路中的动态资源分配问题，并提出了一种基于双向匹配方法的次优子信道分配算法。考虑到最小 QoS 要求和最大功率约束，我们将功率分配表述为混合整数规划问题。在李雅普诺夫优化框架的基础上，将能量效率优化问题分解为三个子问题，其中两个是线性问题，剩余问题可以通过引入拉格朗日函数来解决。数值分析和仿真结果证明了所提算法的有效性。

参 考 文 献

[1] Zhang H J, Huang S T, Jiang C X, et al. Energy efficient user association and power allocation in millimeter wave based ultra dense networks with energy harvesting base stations. IEEE Journal on Selected Areas in Communications, 2017, 35(9): 1936-1947.

[2] Zhang H J, Jiang C X, Mao X T, et al. Interference-limited resource optimization in cognitive femtocells with fairness and imperfect spectrum sensing. IEEE Transactions on Vehicular Technology, 2016, 65(3): 1761-1771.

[3] Zhang H J, Nie Y N, Cheng J L, et al. Sensing time optimization and power control for energy efficient cognitive small cell with imperfect hybrid spectrum sensing. IEEE Transactions on Wireless Communications, 2017, 16(2): 730-743.

[4] Fang F, Zhang H J, Cheng J L, et al. Energy-efficient resource scheduling for NOMA systems with imperfect channel state information. Proceedings of IEEE International Conference on Communications, Paris, 2017: 1-5.

[5] Zhang H J, Wang B B, Jiang C X, et al. Energy efficient dynamic resource optimization in NOMA networks. IEEE Transactions on Wireless Communications, 2018, 17(9): 5671-5683.

[6] Ding Z G, Peng M G, Poor H V. Cooperative non-orthogonal multiple access in 5G systems. IEEE Communications Letters, 2015, 19(8): 1462-1465.

[7] Higuchi K, Benjebbour A. Non-orthogonal multiple access with successive interference cancellation for future radio access. IEICE Transactions on Communications, 2015, 98(3): 403-414.

[8] Jindal N, Vishwanath S, Goldsmith A. On the duality of Gaussian multiple-access and broadcast channels. IEEE Transactions on Information Theory, 2004, 50(5): 768-783.

[9] Fang F, Zhang H J, Cheng J L, et al. Energy-efficient resource allocation for downlink non-orthogonal multiple access network. IEEE Transactions on Communications, 2016, 64(9): 3722-3732.

[10] Mollanoori M, Ghaderi M. Uplink scheduling in wireless networks with successive interference cancellation. IEEE Transactions on Mobile Computing, 2014, 13(5): 1132-1144.

[11] Li J, Peng M G, Yu Y L, et al. Energy-efficient joint congestion control and resource optimization in heterogeneous cloud radio access networks. IEEE Transactions on Vehicular Technology, 2016, 65(12): 9873-9887.

[12] Yu Y L, Peng M G, Li J, et al. Resource allocation optimization for hybrid access mode in heterogeneous networks. Proceedings of IEEE Wireless Communications and Networking Conference, New Orleans, LA, 2015: 1243-1248.

[13] Lei L, Yuan D, Ho C K, et al. Power and channel allocation for non-orthogonal multiple access in 5G systems: Tractability and computation. IEEE Transactions on Wireless Communications, 2016, 15(12): 8580-8594.

[14] Dinkelbach W. On nonlinear fractional programming. Management Science, 1967, 13: 492-498.

[15] Boyd S, Vandenberghe L. Convex Optimization. Cambridge: Cambridge University Press, 2004.

第10章　无线异构网络中的小区干扰协调配置

10.1　引　　言

密集的异构网络(heterogeneous network, HetNet)体系结构是一种有希望满足无线流量大量增长的解决方案，其中宏小区被一组小型小区(例如，微微小区或毫微微小区)覆盖[1]。然而，具有较高功率的宏小区将对低功率节点(即小型蜂窝小区)产生严重干扰，这限制了密集小型蜂窝小区在系统中的部署[2]。为了减轻来自宏小区的这种干扰，增强型小区间干扰协调(enhanced inter cell interference coordination, eICIC)技术使宏小区的传输在几乎空白的子帧(almost blank subframes, ABS)中保持沉默[3]。

当小区的部署密集时，仅有的空白子帧分配不能显著减少跨层干扰[4]，并且空白子帧分配与用户设备关联紧密耦合以解决增强型小区间干扰协调配置问题。作为共同点之一，文献[5]～文献[7]几乎集中在不同的动态空白子帧配置方案上，使用负载平衡提高了网络吞吐量，却忽略了能量效率。文献[8]揭示了用户关联设置的偏差对于异构网络的节能资源分配并不是很有效。能源消耗应与异构网络中的干扰协调一起考虑[9]。

此外，许多工作[10,11]只考虑了网络的能量效率，而没有考虑单个用户的能量效率。这通常是不合理的，因为每个用户都有权利寻求更好的能量效率。然而，在增强型小区间干扰协调标准中还没有规定如何公平地设置 eICIC 参数，即公平地联合用户关联的能量效率和空白子帧的优化。我们的目标是保证系统容量和能量效率，同时保证最差的用户的能量效率。在本章中，我们从最大-最小优化理论的角度提出了一种用于增强型小区间干扰协调的节能联合用户关联和空白子帧算法。

本章主要从问题建模和算法方面进行了改进，将节能技术用于联合用户关联和空白子帧优化。我们首先制定了一种新颖的节能增强型小区间干扰协调配置，最大限度地提高最差用户的能量效率。然后，提出了一种有效的算法，用于异构网络中公平地计算增强型小区间干扰协调的空白子帧分配和用户关联。

10.2　系　统　模　型

本节重点介绍用于时分双工长期演进(time division duplexing long term evolution, TDD-LTE)的两层异构网络系统。在同频道部署方案中，宏小区被微微小区覆盖。增强型小区间干扰协调配置的时域协调用于降低宏小区和微微小区之间的同信道部署中的跨层干扰。宏小区使空白子帧保持下行链路静默状态，以保护微微小区传输，并且仅在这些特定子帧上传输有限的控制信号。

在我们的系统中，从能量效率的角度考虑了每个空白子帧时段内用户调度过程的能量效率，该时段在关联的用户设备之间公平分配时间资源。对于用户下行链路关联，用户可以选择一个基站在宏小区和微微小区之间关联，但不能两者都关联。用户在整个带宽上测量参考信号接收功率，以确定最佳的宏小区和微微小区组。我们考虑低速移动用户时可以假设其信道条件是缓慢变化的。

可以通过基站之间的物理距离或接收信号强度是否小于所设置的阈值来确定干扰关系。由于用户与宏小区或微微小区关联，但又不是两者都关联，因此我们介绍了两种类型的用户：宏关联和微微关联。

与微微关联的用户的信噪比表示为

$$
\text{SINR}_{\text{pico}}(u) = \begin{cases} \dfrac{P_{\text{Rx}}(\omega)}{P_{\text{pico}}(u) + N_0}, & \text{几乎空白子帧情况} \\[3mm] \dfrac{P_{\text{Rx}}(u)}{P_{\text{pico}}(u) + P_{\text{macro}}(u) + N_0}, & \text{非几乎空白子帧情况} \end{cases} \tag{10-1}
$$

式中，$P_{\text{Rx}}(u)$ 为用户发射功率；N_0 为噪声功率。

与宏关联的用户的信噪比表示为

$$
\text{SINR}_{\text{macro}}(u) = \frac{P_{\text{Rx}}(u)}{P_{\text{pico}}(u) + P_{\text{macro}}(u) + N_0}, \quad \text{非几乎空白子帧情况} \tag{10-2}
$$

因此，我们可以使用香农容量公式来获得用户 u 的平均速率。表 10-1 总结了重要的参数和优化变量。

表 10-1　数学符号列表

符号	含义
$P_{\text{Rx}}(\omega)$	用户设备收到的下行功率
$P_{\text{pico}}(u)$	用户设备收到的来自微微小区的干扰

符号	含义
$P_{\text{macro}}(u)$	用户设备收到的来自宏小区的干扰
r_u^{macro}	非空白子帧传输下用户设备在宏小区的速率
$r_{u,A}^{\text{pico}}$	空白子帧传输下用户设备在微微小区的速率
$r_{u,nA}^{\text{pico}}$	非空白子帧传输下用户设备在微微小区的速率
u,K	用户设备缩写，用户设备数目
m,M	宏小区缩写，宏小区数目
p,P	微微小区缩写，微微小区数目
N_{sf}	一个空白子帧周期内的子帧总数
N_m	宏小区的非空白子帧数目
A_p	微微小区的空白子帧数目
x_u	与宏小区关联的用户在非空白子帧的通话时间
$y_{u,A}$	用户在空白子帧的通话时间
$y_{u,nA}$	与微微小区关联的用户在非空白子帧的通话时间
p_u^{macro}	宏小区的发射功率
$p_{\text{ref}}^{\text{macro}}$	宏小区在空白子帧上的广播信号功率
p_u^{pico}	微微小区的发射功率

10.3 问 题 建 模

本节制定了一个优化问题，以通过用户关联、用户的通话时间子帧分配以及宏小区和微微小区之间的空白子帧分配来最大化最差用户的能量效率。

10.3.1 问题表述

为了使增强型小区间干扰协调最坏情况下的用户的能量效率最大化，我们共同优化了这些变量 $\psi = \{R_u, P_u, x_u, y_{u,A}, y_{u,nA}, A_p, N_m\}$，以获得具有最大-最小公平性的 EE-eICIC 算法。因此，优化问题(P_1)表示为

$$\max_{\psi} \min_{u} \frac{R_u}{P_u} \tag{10-3}$$

$$R_u \leqslant r_u^{\text{macro}} \cdot x_u + r_{u,A}^{\text{pico}} \cdot y_{u,A} + r_{u,nA}^{\text{pico}} \cdot y_{u,nA} \tag{10-4}$$

$$P_u \leqslant p_u^{\text{macro}} \cdot x_u + \left(p_u^{\text{pico}} + p_{\text{ref}}^{\text{macro}} \right) \cdot y_{u,A} + p_u^{\text{pico}} \cdot y_{u,nA} \tag{10-5}$$

$$x_u \cdot \left(y_{u,A} + y_{u,nA} \right) = 0 \tag{10-6}$$

$$A_p + N_m \leqslant N_{\text{sf}}, \quad \forall p, m \in I_{\text{BS}} \tag{10-7}$$

$$\sum_{u \in U_m} x_u \leqslant N_m, \quad \forall m \in M \tag{10-8}$$

$$\sum_{u \in U_p} y_{u,A} \leqslant A_p, \quad \forall p \in P \tag{10-9}$$

$$\sum_{u \in U_p} y_{u,A} + y_{u,nA} \leqslant N_{\text{sf}}, \quad \forall p \in P \tag{10-10}$$

$$x_u \geqslant 0, y_{u,A} \geqslant 0, y_{u,nA} \geqslant 0 \tag{10-11}$$

$$A_p, N_m \in \mathbb{N}^+, \forall p, m \in I_{\text{BS}} \tag{10-12}$$

式中，$\mathbb{N}^+$ 表示正整数；U_m 表示宏小区户集；U_p 表示微微小区用户集。

式(10-4)和式(10-5)表示用户的平均速率和功耗受限于来自相关联的宏小区或微微小区的可用通话时间。式(10-6)表示用户仅接入一个基站，如宏基站或微微基站。式(10-7)表示微微小区所需空白子帧的数目是由集合 I_{BS} 中的宏小区提供的，这些宏小区对微微小区造成干扰。式(10-8)和式(10-9)表示用户从宏小区或微微小区所需要子帧的时间比小于非空白子帧或空白子帧 N_m 和 A_p 的时间比。式(10-10)指出来自微微小区的用户所需要的子帧时间小于空白子帧周期 N_{sf}。

注释 10-1　P_1 是一个混合二进制整数规划问题，它是 NP-hard 的，并且通常难以解决[12]。在本章中，我们重新构造了一个新颖的多项式算法来解决它。

10.3.2　问题过渡

一般情况下，式(10-3)的结构可以看作分数规划，它被用来设计有效的算法[13]。我们假设 $R_u > 0$ 和 $P_u > 0$ 并用 ψ 定义 P_1 中式(10-4)~式(10-12)的可行空间，所以有

$$\eta_{\text{EE}}^{\text{opt}} = \max_{\psi^{\text{opt}}} \min_u \frac{R_u}{P_u} = \min_u \frac{R_u^{\text{opt}}}{P_u^{\text{opt}}} \tag{10-13}$$

式中，$\psi^{\text{opt}} = \left\{ R_u^{\text{opt}}, P_u^{\text{opt}}, x_u^{\text{opt}}, y_{u,A}^{\text{opt}}, y_{u,nA}^{\text{opt}}, A_p^{\text{opt}}, N_m^{\text{opt}} \right\}$ 和 $\eta_{\text{EE}}^{\text{opt}}$ 分别是 P_1 的最佳解和结果。为了有效地求解 P_1，我们提出以下命题，使用分数规划理论[14]提供了证明。

命题 1: 当且仅当以下情况时,才能获得最佳解决方案 ψ^{opt} 。

$$\eta_{\text{EE}}^{\text{opt}}: \max_{\psi^{\text{opt}}} \min_u \left(R_u - \eta_{\text{EE}}^{\text{opt}} P_u \right) = \min_u \left(R_u^{\text{opt}} - \eta_{\text{EE}}^{\text{opt}} P_u^{\text{opt}} \right) = 0 \tag{10-14}$$

对于给定的 $\eta_{\text{EE}}^{\text{opt}}$,我们可以通过以下等价变换来求解 P_1。

$$\max_{\psi} \min_u \left(R_u - \eta_{\text{EE}}^{\text{opt}} P_u \right), \text{ s.t. } \text{式(10-4)} \sim \text{式(10-12)} \tag{10-15}$$

但是,式(10-15)的解不能被轻易求出,因为 $\eta_{\text{EE}}^{\text{opt}}$ 通常是事先未知的。我们将更新参数 η^n 与式(10-15)结合使用以获得 P_1 的最优解[14]。具体过程在算法 10-1 中进行了描述。

对于给定的 η_{EE}^n ,我们在算法 10-1 的第 4 行求解变换问题(P_2)。

$$\max_{\psi} \min_u \left(R_u - \eta^n P_u \right)$$
$$\text{s.t.} \quad \text{式(10-4)} \sim \text{式(10-12)} \tag{10-16}$$

算法 10-1 具有最大-最小公平性的 EE-eICIC 的迭代能量效率算法

---

1. 设置容错 $\varepsilon > 0$,最大迭代次数 $N_{\max}$,能量效率 $\eta^n = 0$,迭代次数 $n = 0$ 。

2. while $n \leqslant N_{\max}$ do

3.   使用最大-最小 EE-eICIC 子帧分配策略 ψ 解决给定了 η^n 的问题 P_2 。

4.   if $\left| \min_u \left(R_u^n - \eta^n P_y^n \right) \right| < \varepsilon$ then

5. $\eta_{\text{EE}}^{\text{opt}} = \min_u \dfrac{R_u^H}{P_u^n}$,获取保证了最差用户能量效率的最优的 EE-eICIC 子

        帧分配策略 ψ^{opt} 和最大的 EE-eICIC 子帧分配策略 $\eta_{\text{EE}}^{\text{opt}}$ 。

6.   else

7.   设置 $\eta^{n+1} = \min_u \dfrac{R_u^n}{P_u^n}$, $n = n+1$ 。

8.   end if

9. end while

10.3.3 问题转化

本节介绍如何求解 P_2。首先,引入一个新的变量 θ 将原始的非平滑问题 P_2 (由于目标函数的非平滑性)重新参数化为一个平滑问题。然后,将 P_2 与 P_3 等效地重构。

$$\max_{\psi,\theta} \theta$$
$$\text{s.t. } R_u - \eta P_u \geqslant \theta \tag{10-17}$$
$$式(10\text{-}4)\sim式(10\text{-}12)$$

但是，对于给定的 η^n，求解 P_3(即式(10-17))仍然很困难。根据计算复杂度[3,12]，它是难以实现的，因此我们设计了一个两阶段算法来求解多项式时间内的 P_3。

10.4　非线性问题算法

首先，通过放宽关于 N_m 和 A_p 的条件即式(10-12)并忽略式(10-6)来制定 EE-ABS-RELAXED(即 P_4)。放宽条件式(10-12)之后，N_m 和 A_p 属于正实数集。去除式(10-6)意味着用户可以在下行链路中同时与宏小区和微微小区关联。具有优化参数 $\tilde{\psi} = \left\{ \tilde{R}_u, \tilde{P}_u, \tilde{x}_u, \tilde{y}_{u,A}, \tilde{y}_{u,nA}, \tilde{A}_p, \tilde{N}_m \right\}$ 的 P_4 表示如下：

$$\max_{\psi,\theta} \theta$$
$$\text{s.t. } R_u - \eta P_u \geqslant \theta$$
$$式(10\text{-}4)、式(10\text{-}5)、式(10\text{-}7)\sim式(10\text{-}11) \tag{10-18}$$
$$A_p, N_m \in \mathbb{R}^+, \forall p, m \in I_{\text{BS}}$$

式中，$\mathbb{R}^+$ 是正实数。

在本章的其余部分，我们利用向量 e 来表示对偶变量向量 $e = (\lambda, \nu, \mu, \rho, \beta, \gamma)$。类似地，我们可以将变量向量 x、y、A、N 定义为原始变量，并利用向量 z 表示所有原始变量向量 $z = (x, y, A, N)$。因此，拉格朗日函数可以表示为

$$L(z, e) = f(R, P, \theta) - e' g(z) \tag{10-19}$$

P_4 的对偶问题可以表示为

$$\min_{e>0} \max_{z} L(z, e) \tag{10-20}$$

利用对偶分解理论，可以将原始问题分解为三个问题：用户问题、微微问题和宏问题，这些问题可以并行执行。

$$\arg\max_{z} L(z, e) \tag{10-21}$$

所以，有

$$L(z, e) = \sum_u F_u \left(e, R_u, P_u, \theta \right)$$
$$+ \sum_m G_m \left(e, \{x_u\}_{u \in m_u}, N_m \right)$$
$$+ \sum_p H_p \left(e, \{y_u\}_{u \in P_u}, A_p \right) - N_{\text{sf}} \tag{10-22}$$

式中

$$F_u\left(e, R_u, P_u, \boldsymbol{\theta}\right) = R_u\left(\lambda_u - v_u\right) + P_u\left(-\rho_u - \lambda_u \eta\right) + \left(1 - \lambda_u\right)\boldsymbol{\theta} \tag{10-23}$$

$$G_m\left(e, \{x_u\}_{u \in m_u}, N_m\right) = \sum_{u \in U_m} x_u (v_u r_u^{\text{macro}} - \rho_u p_u^{\text{macro}} - \beta_m) + N_m\left(\beta_m - \sum_{p, m \in I_{\text{BS}}} \mu_{p,m}\right)$$

$$\tag{10-24}$$

$$H_p\left(e, \{y_u\}_{u \in P_u}, A_p\right) = A_p\left(\beta_p - \sum_{p, m \in I_{\text{BS}}} \mu_{p,m}\right)$$

$$+ \sum_{u \in U_p} y_{u,A}\left[v_u r_{u,A}^{\text{pico}} - \rho_u\left(p_{u,A}^{\text{pico}} + p_{\text{ref}}^{\text{macro}}\right) - \beta_p - \gamma_u\right]$$

$$+ \sum_{u \in U_p} y_{u,nA}\left(v_u r_{u,nA}^{\text{pico}} - \rho_u p_{u,nA}^{\text{pico}} - \gamma_u\right) \tag{10-25}$$

如下计算每个子问题是非常容易的。

(1) 原始变量的贪婪迭代: 对于迭代 n, 贪婪的原始更新如下。

用户原始迭代: 在迭代步骤 $n+1$ 中, 对于每个用户, 我们通过如下计算来最大化 $F_u\left(e, R_u, P_u, \psi\right)$, 即

$$R_u(n+1) = r_u^{\text{macro}} \cdot x_u + r_{u,A}^{\text{pico}} \cdot y_{u,A} + r_{u,nA}^{\text{pico}} \cdot y_{u,nA}\Big|_{\{\lambda_u(n) - v_u(n) > 0\}} \tag{10-26}$$

$$P_u(n+1) = p_u^{\text{macro}} \cdot x_u + \left(p_{u,A}^{\text{pico}} + p_{\text{ref}}^{\text{macro}}\right) \cdot y_{u,A}$$

$$+ p_{u,nA}^{\text{pico}} \cdot y_{u,nA}\Big|_{\{-\rho_u(n) - \lambda_u(n) \cdot \eta > 0\}} \tag{10-27}$$

$$u^* = \arg\min_u \left\{1 - \sum_n \lambda_u(n) > 0\right\} \tag{10-28}$$

$$u^* = \arg\min_u \{1 - \lambda_u(n) > 0\}$$

$$\theta(n+1) = \begin{cases} R_u - \eta P_u, & u = u^* \\ 0, & u \neq u^* \end{cases} \tag{10-29}$$

宏小区原始迭代: 在迭代步骤 $n+1$ 中, 对于宏小区 m, 我们可以通过如下计算来最大化 $G_m\left(e, \{x_u\}_{u \in m_u}, N_m\right)$, 即

$$N_m(n+1) = N_{\text{sf}}\Big|_{\{\beta_m - \sum_{p, m \in I_{\text{BS}}} \mu_{p,m} > 0\}} \tag{10-30}$$

为了计算所有 $\{x_u\}_{u \in U_m}$, 每个宏小区在迭代 n 中选择最佳用户 u_m^*:

$$u_m^* = \arg\max_{u \in U_m}\left(v_u r_u^{\text{macro}} - \rho_u p_u^{\text{macro}} - \beta_m > 0\right) \tag{10-31}$$

然后宏小区 m 对 $x_u(n+1), u \in U_m$ 进行计算：

$$x_u(n+1) = \begin{cases} N_{\mathrm{sf}}, & u = u_m^* \\ 0, & u \neq u_m^* \end{cases} \tag{10-32}$$

微微小区原始迭代：在迭代 $n+1$ 中，对于每个微微小区 p，我们通过计算使 $H_p\left(e, \{y_u\}_{u \in P_u}, A_p\right)$ 最大化，即

$$A_p = N_{\mathrm{sf}} \mathbb{1}_{\left\{\beta_m - \sum_{p, m \in I_{\mathrm{BS}}} \mu_{p,m} > 0\right\}} \tag{10-33}$$

为了计算所有 $\{y_u\}_{u \in U_p}$，每个微微小区 p 选择当前最佳用户如下：

$$\begin{aligned} u_{p,A}^* &= \arg\max \left(v_u r_{u,A}^{\mathrm{pico}} - \rho_u \left(p_{u,A}^{\mathrm{pico}} + p_{\mathrm{ref}}^{\mathrm{macro}} \right) - \beta_p - \gamma_u > 0 \right) \\ u_{p,nA}^* &= \arg\max \left(v_u r_{u,nA}^{\mathrm{pico}} - \rho_u p_{u,nA}^{\mathrm{pico}} - \gamma_u > 0 \right) \end{aligned} \tag{10-34}$$

其中联系随机断裂。然后微微小区 p 计算 $y_u(n+1), u \in U_p$：

$$y_{u,A}(n+1) = \begin{cases} N_{\mathrm{sf}}, & u = u_{p,A}^* \\ 0, & u \neq u_{p,A}^* \end{cases} \tag{10-35}$$

$$y_{u,nA}(n+1) = \begin{cases} N_{\mathrm{sf}}, & u = u_{p,nA}^* \\ 0, & u \neq u_{p,nA}^* \end{cases} \tag{10-36}$$

(2) 拉格朗日乘子迭代。

对于式(10-23)～式(10-25)，我们需要获得 $e = (\lambda, v, \mu, \rho, \beta, \gamma)$，以分配空白子帧用于最大-最小能量效率优化。

对于每个用户 u，对偶变量更新为

$$\lambda_u(n+1) = \left[\lambda_u(k) + \xi \left(R_u - \eta P_u - \theta \right) \right]^+ \tag{10-37}$$

$$v_u(n+1) = \left[v_u(n) + \xi \left(r_u^{\mathrm{macro}} \cdot x_u + r_{u,A}^{\mathrm{pico}} \cdot y_{u,A} + r_{u,nA}^{\mathrm{pico}} \cdot y_{u,nA} - R_u \right) \right]^+ \tag{10-38}$$

$$\rho_u(n+1) = \left[\rho_u(n) + \xi \left(p_u^{\mathrm{macro}} x_u + \left(p_{u,A}^{\mathrm{pico}} + p_{\mathrm{ref}}^{\mathrm{macro}} \right) y_{u,A} + p_{u,nA}^{\mathrm{pico}} y_{u,nA} \right) - P_u \right]^+ \tag{10-39}$$

$$\alpha_u(n+1) = \left[\alpha_u(n) + \xi \left(N_{\mathrm{sf}} \cdot P_u^{\max} - P_u \right) \right]^+ \tag{10-40}$$

对于每个宏小区 m，其对偶变量更新如下：

$$\beta_m(n+1) = \left[\beta_m(n) + \xi \left(N_m - \sum_{u \in U_m} x_u \right) \right]^+ \tag{10-41}$$

对于每个微微小区 p，其对所有 $\{p,m\} \in I_{BS}$ 的对偶价格更新如下：

$$\mu_{p,m}(n+1) = \left[\mu_{p,m}(n) + \xi\left(N_{sf} - A_p - N_m\right)\right]^+ \tag{10-42}$$

$$\beta_p(n+1) = \left[\beta_p(n) + \xi\left(A_p - \sum_{u \in U_p} y_{u,A}\right)\right]^+ \tag{10-43}$$

$$\gamma_u(n+1) = \left[\gamma_u(n) + \xi\left(N_{sf} - \sum_{u \in U_p}\left(y_{u,A} + y_{u,nA}\right)\right)\right]^+ \tag{10-44}$$

10.4.1 具有最大-最小公平性的 EE-ABS-RELAXED 算法

现在我们描述用于求解 P₄ 的算法 10-2。接下来，将根据网络参数讨论迭代时间和步长。

算法 10-2　　求解 EE-ABS-RELAXED 的最佳算法

---

1. 将所有变量向量 $\boldsymbol{x}$，$\boldsymbol{y}$，$\boldsymbol{A}$，$\boldsymbol{N}$，$\boldsymbol{\lambda}$，$\boldsymbol{\nu}$，$\boldsymbol{\mu}$，$\boldsymbol{\rho}$，$\boldsymbol{\alpha}$，$\boldsymbol{\beta}$，$\boldsymbol{\gamma}$ 设置为有约束的可行空间。
2. 初始化迭代索引 $n = 0$ 和最大迭代时间 N。
3. for $n = 1$ to N do
4. 　　更新基本变量，通过式(10-26)、式(10-27)更新用户，通过式(10-30)、式(10-32)更新宏小区，通过式(10-33)、式(10-35)、式(10-36)更新微小区。
5. 　　更新式(10-37)～式(10-44)中的主变量 $\boldsymbol{\lambda}$，$\boldsymbol{\nu}$，$\boldsymbol{\mu}$，$\boldsymbol{\rho}$，$\boldsymbol{\alpha}$，$\boldsymbol{\beta}$，$\boldsymbol{\gamma}$。
6. 　　$n = n+1$
7. end for
8. 通过对所有迭代求平均值来计算 EE-ABS-RELAXED 的最佳解决方案：

$$\tilde{z}_N = \frac{1}{N}\sum_{n-1}^{N} z_n$$

10.4.2 收敛性分析

为了估计迭代时间和步长，我们用 r_{max} 和 p_{max} 分别表示任何用户的最大数据速率和功耗。

命题 2： 令 $z_n, \tilde{z}_n, z^*\left(e_n, \tilde{e}_n, e^*\right)$ 分别表示迭代 n 的原始(对偶)变量的矢量、$0 \sim n$ 的所有迭代的平均值和最佳值。以下内容成立：

$$f\left(\tilde{e}_N\right)-f\left(e^*\right)\leqslant\frac{H}{2\xi N}+\frac{\xi W}{2} \tag{10-45}$$

式中

$$W=N_{\mathrm{sf}}^2\left(K\left(r_{\max}^2+p_{\max}^2\right)+\left(I+M+2P\right)\right)$$
$$H=K\left(2+\eta^2\right)+N_{\mathrm{sf}}^2\left(r_{\max}^2+p_{\max}^2\eta^2\right)(I+M+2P) \tag{10-46}$$

I 表示宏基站与微基站之间干扰集中的数目；P 表示微基站的数目。

命题 3：(迭代时间和步长)如果每个用户目标不能偏离最优值 σ，则命题 2 用于设置迭代次数 N 和步长 ξ，即

$$\frac{\xi W}{2}\leqslant\frac{K\sigma}{2},\quad\frac{H}{2\xi N}\leqslant\frac{K\sigma}{2} \tag{10-47}$$

上述不等式意味着：

$$\xi=\frac{K\sigma}{W},\quad N=\frac{HW}{(K\sigma)^2} \tag{10-48}$$

瞬间反射状态 $\xi=O(\sigma/N_{\mathrm{sf}}^2(r_{\max}^2+p_{\max}^2))$，$N=O(N_{\mathrm{sf}}^2(r_{\max}^2+p_{\max}^2)(2+\eta^2)/\sigma^2)$。我们可以将宏小区-微微小区干扰图分解为几个不相交的组件，以便可以并行地针对每个组件执行最大-最小 EE-ABS-RELAXED 算法。

10.5　EE-ABS-RELAXED 的整数舍入

运行算法 10-2 后，该解决方案可能会违反可行性。在第二阶段，我们使用舍入方法获得原始问题的可行解：

$$\mathrm{Rounding}(x)=\begin{cases}\mathrm{floor}\,(x),&x<\dfrac{N_{\mathrm{sf}}}{2}\\[2ex]\mathrm{ceil}(x),&x\geqslant\dfrac{N_{\mathrm{sf}}}{2}\end{cases} \tag{10-49}$$

接下来，将对算法 10-2 的结果进行四舍五入，从而近似计算出可行的解决方案。算法 10-3 显示了详细的描述。

算法 10-3　能量效率-空白子帧-松弛算法

---

1. 使 $\tilde{N}_m$ 和 $\tilde{A}_p$ 为整数：

$$N_m^*=\mathrm{Rounding}(\tilde{N}_m)\text{ and }A_p^*=\mathrm{Rounding}(\tilde{A}_p) \tag{10-50}$$

式中，$\tilde{N}_m$ 和 $\tilde{A}_p$ 是算法 10-2 的解。

---

2. 确定用户关联：

$$R_u^{\text{macro}} = r_u^{\text{macro}} \cdot \tilde{x}_u, \quad P_u^{\text{macro}} = p_u^{\text{macro}} \cdot x_u \tag{10-51}$$

$$R_u^{\text{pico}} = r_{u,A}^{\text{pico}} \cdot y_{u,A} + r_{u,nA}^{\text{pico}} \cdot y_{u,nA} \tag{10-52}$$

$$P_u^{\text{pico}} = \left(p_{u,A}^{\text{pico}} + p_{\text{ref}}^{\text{macro}} \right) \cdot y_{u,A} + p_{u,nA}^{\text{pico}} \cdot y_{u,nA}$$

式中，x_u、$y_{u,A}$、$y_{u,nA}$ 是算法 10-2 的解。如果 $\eta_u^{\text{macro}} > \eta_u^{\text{pico}}$，用户设备接入宏小区，否则接入微微小区。

3. 计算用户的能源效率。

首先，计算非 EE-ABS 和 EE-ABS 的时间比：

$$X_m = \sum_{u \in U_m^*} \tilde{x}_u, \quad Y_{p,A} = \sum_{u \in U_p^*} \tilde{y}_{u,A}, \quad Y_{p,nA} = \sum_{u \in U_p^*} \tilde{y}_{u,nA} \tag{10-53}$$

其次，计算每个用户的子帧播出时间：

$$x_u^* = \frac{\tilde{x}_u \cdot N_m^*}{X_m}, \quad y_{u,A}^* = \frac{\tilde{y}_{u,A} \cdot A_p^*}{Y_{p,A}}, \quad y_{u,nA}^* = \frac{\tilde{y}_{u,nA} \cdot (N_{\text{sf}} - A_p^*)}{Y_{p,nA}} \tag{10-54}$$

最后，以宏小区和微微小区获得用户的速率和功耗。因此，用户的能量效率为 $\eta_u^* = \dfrac{R_u^*}{P_u^*}$。

10.6　仿真结果与分析

本节将提供一些数值结果以验证所提出算法的性能。表 10-2 总结了仿真中的参数，将指定针对不同场景设置微微小区和用户的密度。仿真结果是通过平均 500 次独立运行获得的。

表 10-2　仿真参数

参数	数值
宏小区的发射功率	36dBm
微微小区的发射功率	30dBm
在空白子帧中宏小区的参考信号功率	23dBm
噪声功率密度	−174dBm/Hz
路径损耗因子	3.25
N_{sf} 帧数	40
总带宽	10MHz

为了分析最大-最小 EE-eICIC 的性能，我们将提出的方案(MaxMinEE)与以下三个方案进行了比较：①使用增强型小区间干扰协调的最大和速率(MaxSUMRate)[15]；②使用增强型小区间干扰协调的最大对数速率(MaxSUMlogRate)[3,16,17]；③带有增强型小区间干扰协调的最大能量效率(MaxEE)[4]。

在图 10-1 中，我们可以看出，与已有的 MaxSUMRate、MaxSUMlogRate 和 MaxEE 算法相比，本章提出的最大化最小能量效率(MaxMinEE)算法可以分别提高网络的能量效率性能为15.71%、34.42% 和 −5.89%。在图 10-2 中，我们可以看到，与 MaxSUMRate、MaxSUMlogRate 和 MaxEE 算法相比，所提出的 MaxMinEE 算法可以将能量效率性能平均值提高13.01%、53.25% 和 −10.9%。而且，随着 MaxMinEE 和 MaxEE 算法的微微小区数量增加，能量效率也随之增加。由于基站与用户之间的距离越来越近，因此小小区具有异构网络的能量效率。由于保证了每个用户的能量效率公平性，随着微微小区数量的增加，MaxMinEE 算法的能量效率性能要低于 MaxEE 算法。但是，MaxMinEE 算法确保了用户的公平性，如图 10-1 和图 10-2 所示。

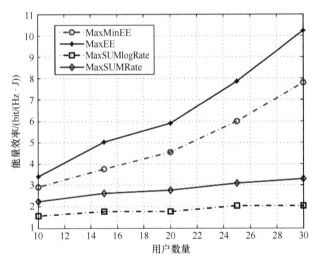

图 10-1　能量效率与用户数量的关系

在图 10-3 中，我们可以观察到，对于 MaxEE 算法，最佳用户和最差用户之间的能量效率差异很大。MaxMinEE 算法可以使每个用户的能量效率达到均衡，但会导致网络的能量效率略有下降。与 MaxEE 算法相比，使用 MaxMinEE 算法时最差用户能量效率的提高，需以总网络能量效率降低为代价，这是网络能量效率和个人用户公平之间的权衡。

此外，图 10-4 中展示了与其他三种算法相比，MaxMinEE 算法的容量。从图 10-3 和图 10-4 中可以看到，与 MaxSUMRate 算法和 MaxSUMlogRate 算法相

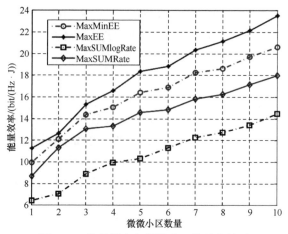

图 10-2　能量效率与微微小区数量的关系

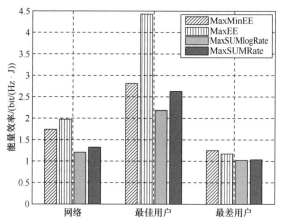

图 10-3　不同算法下网络、最佳用户和最差用户的能量效率

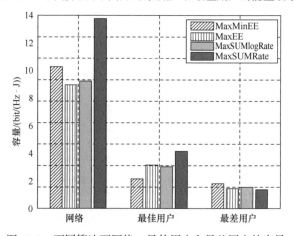

图 10-4　不同算法下网络、最佳用户和最差用户的容量

比，MaxMinEE 算法和 MaxEE 算法的能量效率都以牺牲总成本为代价来提高。此外，由于最佳和最差用户可以达到的速率几乎相同，因此与其他三种算法相比，MaxMinEE 算法保证了用户速率的公平性。

10.7　总　　结

本章提出了一种在异构网络系统中具有公平性的新型节能增强型小区间干扰协调配置算法。我们首先将用户关联和空白子帧分配整合到最大-最小优化问题中，以确保增强型小区间干扰协调配置中用户能量效率的公平性。为了解决非线性混合整数非线性规划问题，提出了一种基于通用分数规划理论的迭代算法。然后，我们放宽该问题，以拉格朗日对偶分解法分解分布式算法。最后，通过舍入法获得可行解。仿真结果证明了所提算法在保证用户公平的前提下在异构网络中实现能量效率增强型小区间干扰协调配置的特性。

参 考 文 献

[1] Zhang H J, Jiang C X, Mao X T, et al. Interference-limited resource optimization in cognitive femtocells with fairness and imperfect spectrum sensing. IEEE Transactions on Vehicular Technology, 2016, 65(3): 1761-1771.

[2] Zhang H J, Jiang C X, Beaulieu N C, et al. Resource allocation for cognitive small cell networks: A cooperative bargaining game theoretic approach. IEEE Transactions on Wireless Communications, 2015, 14(6): 3481-3493.

[3] Deb S, Monogioudis P, Miernik J, et al. Algorithms for enhanced inter-cell interference coordination (eICIC) in LTE HetNets. IEEE/ACM Transactions on Networking, 2014, 22(1): 137-150.

[4] Wang M, Xia H L, Feng C Y. Joint eICIC and dynamic point blanking for energy-efficiency in heterogeneous network. Proceedings of IEEE International Conference on Wireless Communications and Signal Processing, Nanjing, 2015: 1-6.

[5] Zhang H J, Chu X L, Guo W S, et al. Coexistence of Wi-Fi and heterogeneous small cell networks sharing. IEEE Communications Magazine, 2015, 53(3): 158-164.

[6] Vasudevan S, Pupala R N, Sivanesan K. Dynamic eICIC: A proactive strategy for improving spectral efficiencies of heterogeneous LTE cellular networks by leveraging user mobility and traffic dynamics. IEEE Transactions on Wireless Communications, 2013, 12(10): 4956-4969.

[7] Zhou H, Ji Y S, Wang X Y, et al. Joint spectrum sharing and ABS adaptation for network virtualization in heterogeneous cellular networks. Proceedings of IEEE Global Communications Conference, San Diego, 2014: 1-6.

[8] Zhang H J, Huang S, Jiang C X, et al. Energy efficient user association and power allocation in millimeter-wave-based ultra dense networks with energy harvesting base stations. IEEE Journal on Selected Areas in Communications, 2017, 35(9): 1936-1947.

[9] Yang C, Li J, Ni Q, et al. Interference-aware energy efficiency maximization in 5G ultra-dense

networks. IEEE Transactions on Communications, 2017, 65(2): 728-739.

[10] Zhang H J, Liu H, Cheng J L, et al. Downlink energy efficiency of power allocation and wireless backhaul bandwidth allocation in heterogeneous small cell networks. IEEE Transactions on Communications, 2017, 66(4): 1705-1716.

[11] Zhang H J, Nie Y, Cheng J L, et al. Sensing time optimization and power control for energy efficient cognitive small cell with imperfect hybrid spectrum sensing. IEEE Transactions on Wireless Communications, 2017, 16(2): 730-743.

[12] Garey M R, Johnson D S. Computers and intractability: A guide to the theory of NP completeness. Siam Review, 1982, 24(1): 90.

[13] Crouzeix J P, Ferland J A. Algorithms for generalized fractional programming. Mathematical Programming, 1991, 52(1): 191-207.

[14] Crouzeix J P, Ferland J A, Schaible S. An algorithm for generalized fractional programs. Journal of Optimization Theory and Applications, 1985, 47(1): 35-49.

[15] Ye Q Y, Alshalashy M, Caramanis C, et al. On/off macrocells and load balancing in heterogeneous cellular networks. Proceedings of IEEE Global Communications Conference, Atlanta, 2013: 3814-3819.

[16] Jia Y, Zhao M, Zhou W. Joint user association and eICIC for max-min fairness in HetNets. IEEE Communications Letters, 2016, 20(3): 546-549.

[17] Zhou H, Ji Y S, Wang X Y, et al. eICIC configuration algorithm with service scalability in heterogeneous cellular networks. IEEE/ACM Transactions on Networking, 2017, 25(1): 520-535.

第11章 不稳定信道情况下物联网通信中的自动重复频谱感知

11.1 引 言

物联网(internet of things, IoT)是一个不断发展的概念,它使大多数物理设备能够与其他设备进行连接并通信[1]。物联网通过将大量的日常对象纳入并作为整个网络的一部分,可以构建出一个强大的系统,因此可以大大增强交通、市场、农业、医疗保健等许多工业领域的功能[2,3]。由于物联网具有巨大的潜力,与物联网相关的技术已成为近年来最热门的话题之一。然而随着对物联网中高无线流量需求的不断增长以及大规模机器通信的迅速发展[4],稀缺的频谱资源已成为物联网系统面临的一个关键挑战[5]。

认知无线电是一种有效的技术,有望缓解物联网系统中频谱稀缺的问题。在认知无线电网络中,用户可以感知并找到访问空闲频谱资源的机会,然后进行信息传输[6,7]。借助认知无线电,可以很好地缓解物联网系统中的共存问题,如冲突避免和信道切换[8]。因此也可以预见到,在未来通信中,在复杂情况下的物联网系统可以保证更灵活的服务交付以及更可靠的运行[9]。

频谱感知[10,11]是基于认知无线电的物联网系统核心技术之一。高精度感知技术可以在物联网系统的频谱资源空闲时提高带宽效率,并在频谱资源繁忙时最大限度地降低干扰概率。考虑到频谱感知所起的关键作用,许多研究都关注了优化感知精度的方法以提高整个物联网系统的频谱效率。合作感知已成为频谱感知的有效增强方法之一[10,12]。当前的一种合作感知技术就是让用户采用多个独立的检测结果并将它们组合起来以提高最终的感知精度[13,14]。即使部分检测结果出错,依靠分集效益,其带来的负面影响仍然可以在很大程度上被抑制[15]。

然而在未来的通信中,物联网应用将会涉及许多复杂的场景[16]。在这种情况下,信道状态在时域和空域中都会快速变化。某一用户通过不同天线获得的检测结果可能会完全不同,并且某一感应天线也可能在相邻时刻获得不同的检测结果。这种不稳定的情况会使得包括合作感知在内的多数现有感知方法的性能大大降低。尽管借助分集增益可以在一定程度上提高合作感知的精度,但检测结果之间较大的波动性差异仍将造成最终的感知结果不稳定。

对于这样的情况，本章针对第五代移动通信的 IoT 场景提出了一种新的感知机制，目的是改善不稳定的感知情况和精度，所提出的机制称为自动重复感知 (automatic repeat sensing, ARS)机制。具体来说就是一个用户利用多个天线独立地检测其他用户的传输状态。但是与合作感知不同，用户不会直接合并所有检测结果，而是会监测这些检测结果之间的差异程度，并判断当前是否为不稳定的感知情况。如果差异度达到了预设的不稳定感应条件，用户会提取其数据传输周期的一部分并立即重新感知，反之用户可以根据大多数检测结果做出最终的感知决策。数值结果表明，在相同的系统参数下，具有 ARS 机制的用户比具有其他传统增强方法(包括合作感知机制)的用户具有更好的感知性能。

11.2　系　统　模　型

频谱感知技术可以分为几种，其中能量检测和特征检测是两种主要的方法 [17]。能量检测技术是通过将接收信号的能量与预定义的能量阈值进行比较来进行检测[18]。特征检测方法是利用接收信号的可区分统计特征作为用户的标记[19]。

由于特征检测方法不仅可以区分用户信号和噪声，而且可以区分不同类型的用户信号，这种特性非常适合应用到物联网中。本章选择一种基本的特征检测方法来验证 ARS 机制的有效性。假设用户采用带有两个发射天线的正交频分复用系统，这两个天线以特殊的循环延迟差发送相同的信号流。通过检测特殊的循环延迟差，发射该信息的用户可以被其他用户识别，其数据传输也可以在接收器处实现分集增益。

两个天线的发射信号分别表示为

$$s_1(n) = \frac{1}{\sqrt{2N}} \sum_{l=-\infty}^{+\infty} p(n-lM) \sum_{k=0}^{N-1} \alpha_{l,k} W_N^{k[(l+1)M-n]} \tag{11-1}$$

$$s_2(n) = \frac{1}{\sqrt{2N}} \sum_{l=-\infty}^{+\infty} p(n-lM) \sum_{k=0}^{N-1} \alpha_{l,k} W_N^{k[(l+1)M-n]} W_N^{k\tau} \tag{11-2}$$

在上述公式中，N 是快速傅里叶变换的大小，M 是 N 加上循环前缀长度，$\alpha_{l,k}$ 表示信号的第 l 个符号和第 k 个子载波的数据，τ 是两个发射天线之间的循环延迟差，$W_N = \mathrm{e}^{\frac{-\mathrm{j}2\pi}{N}}$，并且

$$p(n) = \begin{cases} 1, & n = 0,1,\cdots,M-1 \\ 0, & 其他 \end{cases} \tag{11-3}$$

每个接收天线上接收到的信号表示为

$$r(n) = \boldsymbol{h}s(n) + \upsilon(n) \tag{11-4}$$

式中，$\boldsymbol{h} = [h_1, h_2]$ 是离散时间信道脉冲响应；$\upsilon(n)$ 表示加性高斯白噪声，并且

$$s(n) = \begin{bmatrix} s_1(n) \\ s_2(n) \end{bmatrix} \tag{11-5}$$

11.3　自动重复感知的概念和原理

11.3.1　概念

本节采用经典的帧结构[20]进行频谱感知。如图 11-1 所示，每帧由一个短的检测周期和一个较长的数据传输周期组成。基于上述帧结构，图 11-2 展示了基于 ARS 机制的详细帧结构，为了进行比较，图中还介绍了几种其他的感知机制。图 11-2(a) 表示经典感知机制，图 11-2(b)是扩展感知机制(在这里是双倍长度的检测周期)，图 11-2(c)是合作感知机制，图 11-2(d) 是 ARS 机制，这里的 L 表示默认检测周期的长度。与经典的感知机制相比，扩展的感知机制利用更长的检测周期来获得更高的精度[21]。这种机制非常容易实现，但是延长的检测周期将造成数据传输的吞吐量损失。合作感知机制依赖于多个感应天线[10]或不同时刻[12]的检测结果，这比

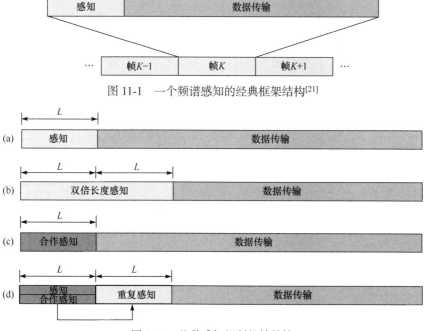

图 11-1　一个频谱感知的经典框架结构[21]

图 11-2　几种感知机制的帧结构

具有单个检测结果的经典感知机制更可靠。

在不失一般性的前提下，本节提出的 ARS 机制是通过使用多个感应天线来进行部署的。实际上使用来自不同时刻的检测结果也可以容易地实现。下面对 ARS 机制的概念进行描述。在传输之前，具有 ARS 机制的用户(如用户 x)控制多个感应天线以独立感知其他用户的传输。与合作感知不同，ARS 机制不会合并检测结果并直接做出最终的感知决策。相反，该机制首先要监测所有感应天线之间检测结果的差异程度。如果所有结果均具有很高的一致性，则用户 x 可以根据大部分检测结果立即做出最终的感知决策。反之则代表用户 x 当前处于不稳定的感知情况，这可能是由不同感应天线之间不稳定的信道状况(如在部分天线处的衰落状况)引起的。在这种情况下，ARS 机制被激活，用户 x 应通过占用一部分数据传输周期来实现重复感知。ARS 机制在很大程度上避免了在不稳定的感知情况下做出最终的感知决策，从理论上来说可以提高平均感知精度。

11.3.2　工作原理

ARS 机制的详细检测过程可以描述如下。当用户开始检测时，该用户的不同感应天线独立地执行检测过程。假设用户有 B 个天线，第 β 个($\beta \in [1,B]$)天线的二元假设检验可以表示为

$$r_\beta(n) = \begin{cases} \upsilon_\beta(n), & H_0 \\ \boldsymbol{h}_\beta \boldsymbol{s}(n) + \upsilon_\beta(n), & H_1 \end{cases} \tag{11-6}$$

式中，$r_\beta(n)$、$\boldsymbol{h}_\beta$ 和 $\upsilon_\beta(n)$ 分别表示第 β 个感应天线处的接收信号、离散时间信道脉冲响应和加性高斯白噪声；H_0 和 H_1 分别表示不存在和存在另一个用户传输的假设。用 G_β 作为第 β 个感应天线的检测特征，表示为

$$G_\beta = \frac{1}{LM} \sum_{n=0}^{LM-1} r_\beta(n) r_\beta^*(n+\tau) \tag{11-7}$$

式中，L 是检测周期的长度；$(\cdot)^*$ 表示共轭运算。给定 Γ 作为检测阈值，第 β 个感应天线的感应结果表示为

$$\begin{aligned} D_0 &: |G_\beta| < \Gamma \\ D_1 &: |G_\beta| \geqslant \Gamma \end{aligned} \tag{11-8}$$

式中，D_0 和 D_1 分别用于判断是否存在另一个用户的传输。

如果大多数感应天线的感知结果相同，则用户可以直接做出最终的感应决策。相比之下，如果结果完全不一致(如结果之间的差异度太高)，重复感知将被激活。如果下一轮感知结果仍然是具有高差异度的情况，则将再次激活重复感知。这样

的重复将一直持续到出现低差异度的情况为止。用 M_0 和 M_1 分别描述 D_0 和 D_1 的感知结果总数，对于感知结果之间差异程度的定义描述为

$$\phi = \frac{B - \max(M_0, M_1)}{B/2} \times 100\% \tag{11-9}$$

如果 $M_0 = M_1 = B/2$，则 $\phi = 1$；如果 $M_1 = B$ 且 $M_0 = 0$，则 $\phi = 0$。给定 ϕ_T 作为差异度阈值，当前检测结果的差异度符合 $\phi \geq \phi_T$ 时，将激活重复感知。反之，用户可以根据大部分结果直接做出最终的感知决策。

以双感应天线配置为例，图 11-3 展示了 ARS 机制的一种简单的操作示例。ARS 机制具有很好的灵活性和可扩展性，其规则和配置可以根据需求自由设计，可以列出以下几个方面。

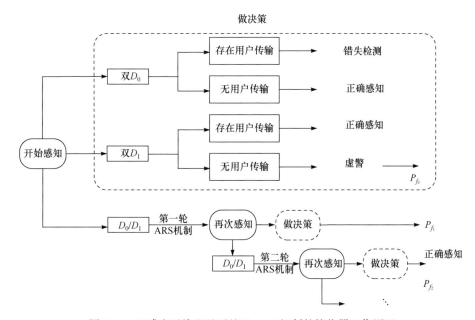

图 11-3　双感应天线配置下基于 ARS 机制的接收器工作原理

重复模式设计：在一些情况下，经过重复感知过程后仍然是 $\phi \geq \phi_T$ 的情况。为了控制连续重复的时间，建议使用以下三种模式：1-重复、P-重复(P 是一个预定的自然数)和无限重复。我们可以根据实际需要切换这些模式或调节 P 的值。

不稳定判断的操作设计：当连续重复的时间达到限度后感知环境仍然不稳定时，有以下三种可行模式。

(1) 根据当前多数感知结果直接做出最终决定。

(2) 结合(硬方法或软方法)所有感知结果以做出最终决定。

(3) 放弃此框架。

梯度阈值设计：可以设置天线差异度的梯度阈值。以一个二阈值情况 ($\phi_{\Gamma_A} < \phi_{\Gamma_B}$) 为例，在第一轮感知中，若出现 $\phi \geqslant \phi_{\Gamma_B}$ 的情况就反映出高度不稳定的感知环境。因此可以激活 P-重复模式，这样就有较高的脱离不稳定感应情况的可能性。在 $\phi_{\Gamma_A} \leqslant \phi < \phi_{\Gamma_B}$ 的情况下，意味着相对低的不稳定感知情况，那么就首选 1-重复。在 $\phi < \phi_{\Gamma_A}$ 的情况下，可以根据大多数感知结果直接做出最终决定。

11.4　虚警概率的推导

虚警概率(P_f)是频谱感知应用中的一项重要技术指标。P_f 通常需要一个上限[10,12,22]。应用 ARS 机制会更改原始感知方法的 P_f 情况，也会为阈值设计带来障碍。本节将推导基于 ARS 机制的 P_f 条件。

虚警是指没有用户在传输，感知结果却表明存在的情况，可以将其描述为

$$P_f = P_r\left(D_1 | H_0\right) = P_r\left[\left|G_\beta\right| \geqslant \Gamma \,\middle|\, r_\beta(n) = \upsilon_\beta(n)\right] \tag{11-10}$$

根据式(11-7)、式(11-8)和式(11-10)可知，虚警概率实质上是 $\upsilon(n)\upsilon^*(n+\tau)$ 的累积分布问题。在不失一般性的前提下，给定四个遵循标准正态分布的真实值 a_1、a_2、b_1、b_2 为

$$a_1, a_2, b_1, b_2 \sim N(0,1) \tag{11-11}$$

由此可以获得两个独立同分布的随机变量为

$$\begin{aligned} \upsilon_1 &= a_1 + \mathrm{i}b_1 \\ \upsilon_2 &= a_2 + \mathrm{i}b_2 \end{aligned} \tag{11-12}$$

因此，υ_1 和 υ_2 的共轭乘积为

$$V = \upsilon_1 \upsilon_2^* = I + \mathrm{i}Q \tag{11-13}$$

式中

$$\begin{aligned} I &= a_1 a_2 + b_1 b_2 \\ Q &= a_2 b_1 - a_1 b_2 \end{aligned} \tag{11-14}$$

然后分别可以得到

$$\mu_I = E(a_1)E(a_2) + E(b_1)E(b_2) = 0 \tag{11-15}$$

$$\mu_Q = E(a_2)E(b_1) - E(a_1)E(b_2) = 0 \tag{11-16}$$

$$\sigma_I^2 = E\left[\left|I - \mu_I\right|^2\right] = 2 \tag{11-17}$$

$$\sigma_Q^2 = E\left[\left|Q - \mu_Q\right|^2\right] = 2 \tag{11-18}$$

μ 和 σ^2 分别表示平均值和方差。C 表示样本量，$c \in [0, C-1]$ 表示样本序列号，乘积累加表示为

$$\overline{I} = \sum_{c=0}^{C-1} I_c, \quad \overline{Q} = \sum_{c=0}^{C-1} Q_c \tag{11-19}$$

$$\overline{V} = \sum_{c=0}^{C-1} V_c = \overline{I} + \mathrm{i}\overline{Q} \tag{11-20}$$

根据林德伯格-列维中心极限定理，多个独立同分布随机变量的乘积累加服从高斯分布，可以得到

$$\lim_{C \to \infty} \frac{\overline{I} - C_{\mu_I}}{\sqrt{C_{\sigma_I}}} \sim N(0,1)$$
$$\lim_{C \to \infty} \frac{\overline{Q} - C_{\mu_Q}}{\sqrt{C_{\sigma_Q}}} \sim N(0,1) \tag{11-21}$$

当 C 足够大时，可以得到

$$\overline{I} \sim N\left(C_{\mu_I}, C_{\sigma_I}{}^2\right) = N\left(0, 2C\right)$$
$$\overline{Q} \sim N\left(C_{\mu_Q}, C_{\sigma_Q}{}^2\right) = N\left(0, 2C\right) \tag{11-22}$$

另外，如果变量的实部和虚部(即 $\overline{I}$ 和 $\overline{Q}$)均是高斯分布的，则该变量(即 $\overline{V}$)的包络服从瑞利分布。因此可以将 $y = \left|\overline{V}\right|$ 的概率密度函数表示为

$$f(y) \cong \begin{cases} \dfrac{y}{\sigma^2} \mathrm{e}^{-\frac{y^2}{2\sigma^2}}, & y \geqslant 0 \\ 0, & y < 0 \end{cases}$$
$$\cong \begin{cases} \dfrac{y}{2C} \mathrm{e}^{-\frac{y^2}{4C}}, & y \geqslant 0 \\ 0, & y < 0 \end{cases} \tag{11-23}$$

对于信号归一化条件下的感知结果，无用户传输的假设可以描述为

$$H_0 : \begin{cases} r(n) = \dfrac{N_0}{\sqrt{2}} \upsilon_1 \\ r(n+\tau) = \dfrac{N_0}{\sqrt{2}} \upsilon_2 \end{cases} \tag{11-24}$$

式中，$\dfrac{N_0}{\sqrt{2}}$ 代表实部或虚部的一维噪声幅度的基数。接收信号的共轭积可以描述为

$$r(n)r^*(n+\tau) = \frac{N_0^2}{2}\upsilon_1\upsilon_2^* = \frac{N_0^2}{2}V \tag{11-25}$$

其归一化的乘积累加表示为

$$\left|\frac{1}{LM}\sum_{n=0}^{LM-1} r(n)r^*(n+\tau)\right| = \frac{1}{LM}\left|\sum_{n=0}^{LM-1} V_n\right| = \frac{N_0^2}{2LM}|\overline{V}| \tag{11-26}$$

给定 Γ 作为检测阈值，则每个独立接收天线的 P_f 为

$$P_f = P_r(D_1 \mid H_0) = P_r\left(\frac{N_0^2}{2LM}|\overline{V}| \geqslant \Gamma\right) \tag{11-27}$$

由于 Γ 与信噪比条件有关，这里进一步将 ς 设置为阈值检测系数，表示为

$$\varsigma = \Gamma / N_0^2 \tag{11-28}$$

因此，其他系统参数固定时，P_f 仅与 ς 有关。可以将式(11-27)转换为

$$\begin{aligned}
P_f &= P_r\left(\frac{N_0^2}{2LM}|\overline{V}| \geqslant \varsigma N_0^2\right) \\
&= P_r\left(|\overline{V}| \geqslant 2\varsigma LM\right) \\
&= \int_{2\varsigma LM}^{\infty} \frac{y}{2C}\mathrm{e}^{-\frac{y^2}{4C}}\mathrm{d}y
\end{aligned} \tag{11-29}$$

基本检测方法为 $C = LM$，因此可以得到

$$^{(\mathrm{i})}P_f = \int_{2\varsigma LM}^{\infty} \frac{y}{2LM}\mathrm{e}^{-\frac{y^2}{4LM}}\mathrm{d}y = \mathrm{e}^{-\varsigma^2 LM} \tag{11-30}$$

扩展的感应机制的 $C = \gamma LM$，其中 γ 是默认感知周期的倍数索引。虚警概率可以表示为

$$^{(\mathrm{ii})}P_f = \int_{2\varsigma LM}^{\infty} \frac{y}{2\gamma LM}\mathrm{e}^{-\frac{y^2}{4\gamma LM}}\mathrm{d}y = \mathrm{e}^{-\varsigma^2 LM/\gamma} \tag{11-31}$$

合作感知机制的 P_f 与多天线结果的联合分布有关，两个感知天线的配置情况为

$$^{(\mathrm{iii})}P_f = P_r\left(\frac{|\overline{V}_A| + |\overline{V}_B|}{2} \geqslant 2\varsigma LM\right) \tag{11-32}$$

令 $y = |\overline{V}_A|$，$z = |\overline{V}_B|$ 都遵循式(11-23)中的概率密度函数。因此，我们进一步得到

$$^{\text{(iv)}}P_f = 1 - P_r\left(\left|\bar{V}_A\right| + \left|\bar{V}_B\right| < 4\varsigma LM\right)$$

$$= 1 - \int_0^{4\varsigma LM} f(y)\mathrm{d}y \int_0^{4\varsigma LM - y} f(z)\mathrm{d}z$$

$$= \mathrm{e}^{-4\varsigma^2 LM}\left(1 + \frac{1}{2LM}\int_0^{4\varsigma LM} y\,\mathrm{e}^{-\frac{y^2 - 4\varsigma LMy}{2LM}}\mathrm{d}y\right) \tag{11-33}$$

由于式(11-33)的积分没有封闭形式的解决方法，实际中可以改用数值解。

将图 11-3 中的情况作为 ARS 机制的典型实例，P_f 的计算表示为

$$^{\text{(v)}}P_f = P_{f_0} + P_{f_1} + \cdots + P_{f_i} + \cdots + P_{f_J} \tag{11-34}$$

式中，J 是该帧内的连续重复次数的总和；P_{f_0} 表示重复感知之前的初始虚警概率；$P_{f_j}(j \in [1, J])$ 表示在重复回合 j 做出最终决策时的虚警概率。对于独立双重 D_0 虚警情况表示为

$$P_f' = \left[^{\text{(i)}}P_f\right]^2 = \mathrm{e}^{-2\varsigma^2 LM} \tag{11-35}$$

对于独立的 D_0 / D_1 情况表示为

$$P_f'' = \left[^{\text{(i)}}P_f\right]\left[1 - ^{\text{(i)}}P_f\right] \times 2 = 2\mathrm{e}^{-\varsigma^2 LM} - 2\mathrm{e}^{-2\varsigma^2 LM} \tag{11-36}$$

因此式(11-34)可以进一步表示为

$$^{\text{(v)}}P_f = P_f' + P_f'P_f'' + P_f'\left(P_f''\right)^2 + \cdots + P_f'\left(P_f''\right)^J$$

$$= P_f'\frac{1 - \left[P_f''\right]^{J+1}}{1 - P_f''}$$

$$\cong P_f'\frac{1}{1 - P_f''}$$

$$= \frac{\mathrm{e}^{-2\varsigma^2 LM}}{1 - 2\mathrm{e}^{-\varsigma^2 LM} + 2\mathrm{e}^{-2\varsigma^2 LM}} \tag{11-37}$$

11.5　仿真结果与分析

本节通过数值结果验证了提出的 ARS 机制。这些模拟都是基于双感知天线配置下的 512 子载波系统。循环前缀长度统一为 $N/4$，载波频率为 $2.5\mathrm{GHz}$。默认的检测周期保持为 10 个正交频分符号单元，所有仿真均在瑞利衰落信道下实现。

图 11-4 展示了几种感知机制的 P_f 性能。这四种数据点是通过 10^4 次蒙特卡罗

模拟获得的,而这些曲线分别直接由式(11-30)、式(11-31)、式(11-33)和式(11-37)得出。模拟结果都非常接近其相关的理论曲线,验证了11.4节中推导的有效性。如果已经给出了 P_f 要求,则可以轻松地转换为 ARS 机制的阈值系数。

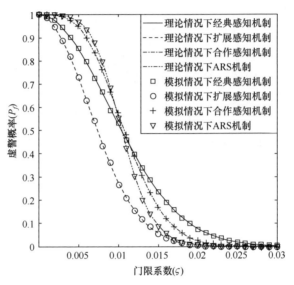

图 11-4　理论和模拟情况下的虚警概率

图 11-5 显示了在 $P_f = 0.1$ 的限制情况下几种感知方法的检测性能。合作感知和 ARS 机制都可以显著提高检测概率,而 ARS 机制具有比合作感知更好的性能。

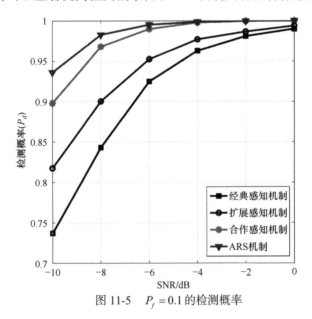

图 11-5　$P_f = 0.1$ 的检测概率

这种现象是因为合作感知会忽略每个检测天线获得的详细信息，在不同的检测天线具有高发散度的情况下，常常会导致不稳定的感知决策。相反，ARS 机制会考虑天线之间的差异程度，就在很大程度上避免了在不稳定的感知情况下做出最终决策的情况。ARS 机制会在数据传输周期内造成额外的吞吐量损失，但实际上这种负面影响非常小。对于具有 10ms 的帧持续时间和 0.5/7ms 的符号持续时间的典型 LTE-A(long termevolution-advanced)系统来说，扩展检测机制(此处为双长度检测周期)在图 11-5 中产生了 7.7% 的额外吞吐量成本，而 ARS 机制的该项平均值仅为 1.7%，这种损失在实际应用中是可以接受的。

11.6　总　　结

本章为不稳定信道条件下基于第五代移动通信的 IoT 通信场景提供了一种自动重复感知机制。该机制会监测多个检测天线之间的感知结果的差异程度，如果满足预定条件，将激活重复感知。数值结果表明，该机制显著提高了感知精度，而且吞吐量成本也很小。此外，该机制非常灵活，可以根据需要自由设计其配置，这对实际应用来说具有积极意义。

参 考 文 献

[1] Ejaz W, Ibnkahla M. Multiband spectrum sensing and resource allocation for IoT in cognitive 5G networks. IEEE Internet of Things Journal, 2018, 5(1): 150-163.

[2] Al-Fuqaha A, Guizani M, Mohammadi M, et al. Internet of things: A survey on enabling technologies, protocols, and applications. IEEE Communications Surveys and Tutorials, 2015, 17(4): 2347-2376.

[3] Dhillon H S, Huang H, Viswanathan H. Wide-area wireless communication challenges for the internet of things. IEEE Communications Magazine, 2017, 55(2): 168-174.

[4] Andrews J G, Buzzi S, Choi W, et al. What will 5G be? IEEE Journal on Selected Areas in Communications, 2014, 32(6): 1065-1082.

[5] Li Z T, Chang B M, Wang S G, et al. Dynamic compressive wide-band spectrum sensing based on channel energy reconstruction in cognitive internet of things. IEEE Transactions on Industrial Informatics, 2018, 14(6): 2598-2607.

[6] Rawat P, Singh K D, Bonnin J M. Cognitive radio for M2M and internet of things: A survey. Computer Communications, 2016, 94(1): 1-29.

[7] Zhong B, Zhang Z S. Opportunistic two-way full-duplex relay selection in underlay cognitive networks. IEEE Systems Journal, 2018, 12(1): 725-734.

[8] Li W X, Zhu C S, Leung V C M, et al. Performance comparison of cognitive radio sensor networks for industrial IoT with different deployment patterns. IEEE Systems Journal, 2017, 11(3): 1456-1466.

[9] Liu X, Jia M, Zhang X Y, et al. A novel multi-channel internet of things based on dynamic spectrum sharing in 5G communication. IEEE Internet of Things Journal, 2019, 6(4): 5962-5970.

[10] Xu T H, Zhang M Y, Zhang H J, et al. Automatic repeat spectrum sensing for 5G IoT communications with unstable channel conditions. Proceedings of International Conference on Communications, Shanghai, 2019: 1-6.

[11] Zhang H J, Jiang C X, Mao X T, et al. Interference-limited resource optimization in cognitive femtocells with fairness and imperfect spectrum sensing. IEEE Transactions on Vehicular Technology, 2016, 65(3): 1761-1771.

[12] Pratibha P, Li K H, Teh K C. Dynamic cooperative sensing-access policy for energy-harvesting cognitive radio systems. IEEE Transactions on Vehicular Technology, 2016, 65(12) :10137-10141.

[13] Zheng M, Xu C, Liang W, et al. Time-efficient cooperative spectrum sensing via analog computation over multiple-access channel. Computer Networks, 2017, 112(1): 84-94.

[14] Zheng M, Chen L, Liang W, et al. Energy-efficiency maximization for cooperative spectrum sensing in cognitive sensor networks. IEEE Transactions on Green Communications and Networking, 2017, 1(1): 29-39.

[15] Deng M, Hu B J, Li X H. Adaptive weighted sensing with simultaneous transmission for dynamic primary user traffic. IEEE Transactions on Communications, 2017, 65(3): 992-1004.

[16] Zhang Z S, Long K P, Vasilakos A V, et al. Full-duplex wireless communications: Challenges, solutions, and future research directions. Proceedings of the IEEE, 2016, 104(7): 1369-1409.

[17] Biglieri E, Goldsmith A J, Greenstein L J, et al. Principles of Cognitive Radio. Cambridge: Cambridge University Press, 2013.

[18] Zhang H J, Nie Y N, Cheng J L, et al. Sensing time optimization and power control for energy efficient cognitive small cell with imperfect hybrid spectrum sensing. IEEE Transactions on Wireless Communications, 2017, 16(2): 730-743.

[19] Hattab G, Ibnkahla M. Multiband spectrum access: Great promises for future cognitive radio networks. Proceedings of the IEEE, 2014, 102(3): 282-306.

[20] Liang Y C, Zeng Y H, Peh E C Y, et al. Sensing-throughput tradeoff for cognitive radio networks. IEEE Transactions on Wireless Communications, 2008, 7(4): 1326-1337.

[21] Li B, Sun M W, Li X F, et al. Energy detection based spectrum sensing for cognitive radios over time-frequency doubly selective fading channels. IEEE Transactions on Signal Processing, 2015, 63(2): 402-417.

[22] Liang Y C, Chen K C, Li G Y, et al. Cognitive radio networking and communications: An overview. IEEE Transactions on Vehicular Technology, 2011, 60(7): 3386-3407.

第12章　基于 Wi-Fi 频谱共享的异构小蜂窝网络中的无线资源优化

12.1　引　　言

随着智能移动设备和室内移动数据流量的急剧增加[1]，人们已经开展了许多研究来扩大网络覆盖范围和提高能量效率[2,3]。作为一种有前景的技术，异构小蜂窝网络可以扩大对蜂窝边缘用户的覆盖范围和容量[4]。由于授权频谱的资源是有限的，因此对异构小蜂窝网络的未授权频谱的研究在学术界和工业界都备受关注[5]。

当前针对异构小蜂窝网络的资源分配已经做了很多工作[6]。文献[7]在双层异构网络中采用了李雅普诺夫优化框架来解决资源分配的动态优化问题。文献[8]提出了一种可以在 Wi-Fi 和 4G 蜂窝网络共存情况下避免干扰的方案。但是大多数现有工作仅考虑了在具有完整信道状态信息(channel state information, CSI)的未授权频谱系统中的资源分配，由于共享 CSI 时的回程存在延迟并且容量有限，因此这种考虑是不切实际的。

本章通过考虑能量效率设计、服务质量要求、同层和跨层的干扰限制以及具有不完整的信道状态信息(incomplete channel state information, ICSI)的队列稳定性，来研究授权和未授权频谱在共享异构小蜂窝网络时的子信道分配和功率分配。

12.2　系统模型和问题建模

12.2.1　系统模型

我们考虑一个基于正交频分多址接入的时变异构小蜂窝网络，其中 K 个小蜂窝基站覆盖在一个宏蜂窝和一个 Wi-Fi 网络中。每个小蜂窝都为相同数量的 U 个用户提供服务。对于任意的小蜂窝基站 k，我们假设每个小蜂窝都能够使用授权频谱和未授权频谱为用户服务。每个小蜂窝中有 N_1 个许可子信道和 N_2 个非许可子信道。假设异构小蜂窝系统在时隙模式下工作，其时隙单元 $t \in \{0,1,2,\cdots\}$，其中时隙 t 表示间隔 $[t,t+1)$。若子信道 n 在时隙 t 被分配给小蜂窝基站 k 中的用户 u，

则 $a_{k,u,n}^{\mathrm{F}}(t)=1$，否则 $a_{k,u,n}^{\mathrm{F}}(t)=0$。由于信道分配的唯一性，我们可以将信道分配的约束条件表示为

$$C_1 : \sum_{u=1}^{U} a_{k,u,n}^{\mathrm{F}}(t) \leqslant 1, \quad \forall k \in \mathcal{K}, n \in \mathcal{N} \tag{12-1}$$

式中，$\mathcal{K} = \{1,2,\cdots,K\}$。令 $\mathcal{N}_1 = \{1,2,\cdots,N_1\}$，并且 $\mathcal{N}_2 = \{1,2,\cdots,N_2\}$，除此之外还定义了 $\mathcal{N} = \mathcal{N}_1 \bigcup \mathcal{N}_2 = \{1,2,\cdots,N_1,\cdots,N_1+N_2\}$。用 $g_{k,u,n}^{\mathrm{F}}(t)$ 和 $p_{k,u,n}^{\mathrm{F}}(t)$ 分别表示小蜂窝基站 k 中的用户 u 在子信道 n 上的信道增益和功率。若子信道 n 在时隙 t 被分配给小蜂窝 l 中的用户 u，则用 $g_{k,l,u,n}^{\mathrm{F}}(t)$ 来表示从小蜂窝 k 到小蜂窝 l 中用户 u 的信道增益。若子信道 n 在时隙 t 被分配给小蜂窝 k 中的用户 u，则用 $g_{k,u,n}^{\mathrm{MF}}(t)$ 来表示从宏蜂窝到小蜂窝 k 中用户 u 的信道增益。用 $p_{u,n}^{\mathrm{M}}(t)$ 表示宏基站中信道 $n(n \in \mathcal{N}_1)$ 上的传输功率。用 $p_{u,n}^{\mathrm{W}}(t)$ 表示在 Wi-Fi 系统中时隙为 t 时用户 u 的功率。用 $g_{k,u,n}^{\mathrm{WF}}(t)$ 表示时隙为 t 时，在信道 $n(n \in \mathcal{N}_2)$ 上从 Wi-Fi 到小蜂窝 k 中用户 u 的信道增益。若小蜂窝 k 中的用户 $u \in \mathcal{U} = \{1,2,\cdots,U\}$ 在授权频谱中的第 n 个子信道上，则其接收 SINR 为

$$\gamma_{k,u,n}^{\mathrm{F}}(t) = \frac{p_{k,u,n}^{\mathrm{F}}(t) g_{k,u,n}^{\mathrm{F}}(t)}{p_{u,n}^{\mathrm{M}}(t) g_{k,u,n}^{\mathrm{MF}}(t) + \sum_{l \neq k}^{K} \sum_{u=1}^{U} a_{l,u,n}^{\mathrm{F}}(t) p_{l,u,n}^{\mathrm{F}}(t) g_{l,k,u,n}^{\mathrm{F}}(t) + \sigma^2}, \quad \forall n \in \mathcal{N}_1 \tag{12-2}$$

用 $g_{k,u,n}^{\mathrm{FM}}(t)$ 表示在授权频谱中，时隙为 t 时在子信道 n 上从小蜂窝 k 中的用户 u 到宏基站的信道增益。考虑到宏基站的跨层干扰容限为 I_n^{MBS}，在授权频谱中将同层干扰容限表示为 $I_{c,n}^{\mathrm{SCBS}}$，则可给出授权频谱中跨层干扰容限 C_2 和同层干扰容限 C_3 的约束条件：

$$C_2 : \sum_{k=1}^{K} \sum_{u=1}^{U} a_{k,u,n}^{\mathrm{F}}(t) p_{k,u,n}^{\mathrm{F}}(t) g_{k,u,n}^{\mathrm{FM}}(t) \leqslant I_n^{\mathrm{MBS}}, \quad \forall n \in \mathcal{N}_1 \tag{12-3}$$

$$C_3 : \sum_{l=1,l\neq k}^{K} \sum_{u=1}^{U} a_{k,u,n}^{\mathrm{F}}(t) p_{k,u,n}^{\mathrm{F}}(t) g_{k,l,u,n}^{\mathrm{F}}(t) \leqslant I_{c,n}^{\mathrm{SCBS}}, \quad \forall n \in \mathcal{N}_1 \tag{12-4}$$

用 σ^2 表示加性高斯白噪声方差，用 $g_{k,u,n}^{\mathrm{FW}}(t)$ 表示在未授权频谱中，时隙为 t 时从小蜂窝 k 中的用户 u 到 Wi-Fi 的信道增益。对于在子信道 n 上的用户 u 来说，第 k 个小蜂窝基站的接收 SINR 为

$$\gamma_{k,u,n}^{\mathrm{F}}(t) = \frac{p_{k,u,n}^{\mathrm{F}}(t) g_{k,u,n}^{\mathrm{F}}(t)}{p_{u,n}^{\mathrm{M}}(t) g_{k,u,n}^{\mathrm{WF}}(t) + \sum_{l \neq k}^{l \in K} \sum_{u=1}^{U} a_{l,u,n}^{\mathrm{F}}(t) p_{l,u,n}^{\mathrm{F}}(t) g_{l,k,u,n}^{\mathrm{F}}(t) + \sigma^2}, \quad \forall n \in \mathcal{N}_2 \tag{12-5}$$

将未授权频谱中子信道 n 上的 Wi-Fi 跨层干扰容限表示为 $I_n^{\text{Wi-Fi}}$。将未授权频谱中子信道 n 上的同层干扰容限表示为 $\tilde{I}_{c,n}^{\text{SCBS}}$。在未授权频谱中跨层干扰容限 C_4 和同层干扰容限 C_5 的约束条件可以分别表示为

$$C_4 : \sum_{k=1}^{K}\sum_{u=1}^{U}a_{k,u,n}^{\text{F}}(t)p_{k,u,n}^{\text{F}}(t)g_{k,u,n}^{\text{FM}}(t) \leqslant I_n^{\text{Wi-Fi}}, \quad \forall n \in \mathcal{N}_2 \tag{12-6}$$

$$C_5 : \sum_{l=1,l\neq k}^{K}\sum_{u=1}^{U}a_{k,u,n}^{\text{F}}(t)p_{k,u,n}^{\text{F}}(t)g_{k,l,u,n}^{\text{F}}(t) \leqslant \tilde{I}_{c,n}^{\text{SCBS}}, \quad \forall n \in \mathcal{N}_2 \tag{12-7}$$

在本章中，我们假设小蜂窝基站与小蜂窝用户之间存在不完整的信道状态信息，并且假定小蜂窝基站与小蜂窝用户之间的信道增益满足有限状态集。

ICSI 假设：对于时隙为 t 时子信道 n 上小蜂窝基站 k 和用户 u 之间的信道增益 $g_{k,u,n}^{\text{F}}(t)$，存在 S 个状态 $g_{k,u,n,1}^{\text{F}},\cdots,g_{k,u,n,S}^{\text{F}}$，其概率分别为 $\rho_{k,u,n,1},\cdots,\rho_{k,u,n,S}$，所有状态的概率之和满足 $\sum_{s=1}^{S}\rho_{k,u,n,s}=1, \forall k,u,n$。在授权频谱和未授权频谱中，将子信道 n 上小蜂窝基站 k 和用户 u 之间的信道增益定义为

$$g_{k,u,n}^{\text{F}}(t)=\sum_{s=1}^{S}\rho_{k,u,n,s}g_{k,u,n,s}^{\text{F}}, \quad \forall k,u,n \tag{12-8}$$

根据香农公式，时隙为 t 时小蜂窝基站 k 内用户 u 在子信道 n 上的容量为

$$C_{k,u,n}^{\text{F}}(t)=a_{k,u,n}^{\text{F}}(t)\log_2\left(1+\gamma_{k,u,n}^{\text{F}}(t)\right), \quad \forall n \in \mathcal{N} \tag{12-9}$$

小蜂窝基站 k 和用户 u 之间的子信道容量为

$$C_{k,u}^{\text{F}}(t)=\sum_{n=1}^{N_1}C_{k,u,n}^{\text{F}}(t)+\sum_{n=1}^{N_2}C_{k,u,n}^{\text{F}}(t) \tag{12-10}$$

所有小蜂窝中的所有用户的总容量为

$$C_{\text{tot}}(t)=\sum_{u=1}^{U}\sum_{k=1}^{K}C_{k,u}^{\text{F}}(t) \tag{12-11}$$

为了满足用户的 QoS，用 R_u 表示满足用户 u 的最小容量的 QoS 要求，其应该满足：

$$C_6 : C_{k,u}^{\text{F}}(t) \geqslant R_u, \quad \forall k,\forall u \tag{12-12}$$

时隙为 t 时小蜂窝基站 k 到用户 u 的瞬时功率和时隙为 t 时小蜂窝基站的总功耗分别用 $p_{k,u}(t)$ 和 $p_{\text{tot}}(t)$ 来表示，其表述如下：

$$p_{k,u}(t)=\sum_{n=1}^{N_1}a_{k,u,n}^{\text{F}}(t)p_{k,u,n}^{\text{F}}(t)+\sum_{n=1}^{N_2}a_{k,u,n}^{\text{F}}(t)p_{k,u,n}^{\text{F}}(t) \tag{12-13}$$

$$p_{\text{tot}}(t) = \sum_{k=1}^{K}\left(\sum_{u=1}^{U} p_{k,u}(t) + p_{c,k}\right) \tag{12-14}$$

式中，$p_{c,k}$ 表示小蜂窝 k 中的电路功率。平均功率和瞬时功率约束分别用 $P_{k,u}$ 和 $\hat{P}_{k,u}$ 表示：

$$C_7 : \bar{p}_{k,u} = \lim_{t\to\infty}\frac{1}{t}\sum_{\tau=0}^{t} p_{k,u}(\tau) \leqslant P_{k,u}, \quad \forall k \in \mathcal{K}, u \in \mathcal{U} \tag{12-15}$$

$$C_8 : p_{k,u}(t) \leqslant \hat{P}_{k,u}, \quad \forall k \in \mathcal{K}, u \in \mathcal{U} \tag{12-16}$$

用 η_{EE} 表示能量效率，将其定义为长期数据容量与相应的长期总功耗之比，即

$$\eta_{\text{EE}} = \lim_{t\to\infty}\frac{\sum_{\tau=0}^{t-1} E\{C_{\text{tot}}(t)\}}{\sum_{\tau=0}^{t-1} E\{p_{\text{tot}}(t)\}} = \lim_{t\to\infty}\frac{\frac{1}{t}\sum_{\tau=0}^{t-1} E\{C_{\text{tot}}(t)\}}{\frac{1}{t}\sum_{\tau=0}^{t-1} E\{p_{\text{tot}}(t)\}} = \frac{\bar{C}_{\text{tot}}}{\bar{p}_{\text{tot}}} \tag{12-17}$$

12.2.2　问题建模

在本节中，当考虑所有约束条件时，效用函数被表示为

$$\max \eta_{\text{EE}} = \frac{\bar{C}_{\text{tot}}}{\bar{p}_{\text{tot}}} \tag{12-18}$$
$$\text{s.t. } C_1, C_2, C_3, C_4, C_5, C_6, C_7, C_8$$

C_1 确保信道分配的唯一性；C_2 确保授权频谱中的跨层干扰；C_3 确保授权频谱中的同层干扰；C_4 确保未授权频谱中的跨层干扰；C_5 确保未授权频谱中的同层干扰；C_6 确保小蜂窝用户的 QoS；C_7 限制小蜂窝基站 k 的用户 u 的最大平均发射功率；C_8 限制小蜂窝基站 k 的用户 u 的最大瞬时发射功率。我们将目标函数定义为

$$\eta_{\text{EE}}^{\text{opt}} = \frac{\bar{C}_{\text{tot}}(p^*)}{\bar{p}_{\text{tot}}(p^*)} = \max \frac{\bar{C}_{\text{tot}}(p)}{\bar{p}_{\text{tot}}(p)} \tag{12-19}$$

式中，p^* 表示获得 $\eta_{\text{EE}}^{\text{opt}}$ 时的最佳功率分配。我们引入定理 12-1 如下。

定理 12-1　当且仅当满足如下关系时，可以达到最优能量效率 $\eta_{\text{EE}}^{\text{opt}}$：

$$\max \bar{C}_{\text{tot}}(p) - \eta_{\text{EE}}^{\text{opt}}\bar{p}_{\text{tot}}(p) = \bar{u}_{\text{tot}}(p^*) - \eta_{\text{EE}}^{\text{opt}}\bar{p}_{\text{tot}}(p^*) = 0, \quad \bar{C}_{\text{tot}}(p) \geqslant 0, \bar{p}_{\text{tot}}(p) \geqslant 0 \tag{12-20}$$

证明： 文献[9]中给出了详细证明。

通过定理 12-1，可以由 $\bar{C}_{\text{tot}}(p) - \eta_{\text{EE}}^{\text{opt}}\bar{p}_{\text{tot}}(p)$ 给出原来分数形式目标函数的等效目标函数。式(12-20)中的问题是一个非凸的混合整数规划问题。为了使问题易于处理，授权频谱中小蜂窝 k 的同层干扰约束为

$$C_9: \sum_{l\neq k}^{K}\sum_{u=1}^{U} a_{l,u,n}^F(t) p_{l,u,n}^F(t) g_{l,k,u,n}^F(t) \leqslant I_{\text{th},n}^{FF}, \quad \forall k\in\mathcal{K}, n\in\mathcal{N}_1 \tag{12-21}$$

未授权频谱中小蜂窝 k 的同层干扰约束为

$$C_{10}: \sum_{l\neq k}^{K}\sum_{u=1}^{U} a_{l,u,n}^F(t) p_{l,u,n}^F(t) g_{l,k,u,n}^F(t) \leqslant \tilde{I}_{\text{th},n}^{FF}, \quad \forall k\in\mathcal{K}, n\in\mathcal{N}_2 \tag{12-22}$$

若子信道 n 在时隙 t 被分配给小蜂窝基站 k 中的用户 u，则将在授权频谱和未授权频谱中用户 u 的总接收干扰功率的上限分别定义为

$$I_{k,u,n}(t) = p_{u,n}^M(t) g_{k,u,n}^{MF}(t) + I_{\text{th},n}^{FF} + \sigma^2, \quad \forall k\in\mathcal{K}, u\in\mathcal{U}, n\in\mathcal{N}_1 \tag{12-23}$$

$$\tilde{I}_{k,u,n}(t) = p_{u,n}^M(t) g_{k,u,n}^{WF}(t) + \tilde{I}_{\text{th},n}^{FF} + \sigma^2, \quad \forall k\in\mathcal{K}, u\in\mathcal{U}, n\in\mathcal{N}_2 \tag{12-24}$$

若子信道 n 在时隙 t 被分配给小蜂窝基站 k 中的用户 u，则将在授权频谱和未授权频谱中用户 u 的接收 SINR 分别表示为

$$\hat{\gamma}_{k,u,n}^F(t) = \frac{p_{k,u,n}^F(t) g_{k,u,n}^F(t)}{I_{k,u,n}(t)}, \quad \forall n\in\mathcal{N}_1 \tag{12-25}$$

$$\hat{\tilde{\gamma}}_{k,u,n}^F(t) = \frac{p_{k,u,n}^F(t) g_{k,u,n}^F(t)}{\tilde{I}_{k,u,n}(t)}, \quad \forall n\in\mathcal{N}_2 \tag{12-26}$$

若子信道 n 在时隙 t 被分配给小蜂窝基站 k 中的用户 u，则将在授权频谱和未授权频谱中用户 u 的容量分别表示为

$$\hat{C}_{k,u,n}^F(t) = a_{k,u,n}(t)\log_2\left(1+\hat{\gamma}_{k,u,n}^F(t)\right), \quad \forall n\in\mathcal{N}_1 \tag{12-27}$$

$$\hat{\tilde{C}}_{k,u,n}^F(t) = a_{k,u,n}(t)\log_2\left(1+\hat{\tilde{\gamma}}_{k,u,n}^F(t)\right), \quad \forall n\in\mathcal{N}_2 \tag{12-28}$$

小蜂窝 k 中的用户 u 的容量和 C_6 可以重写为

$$\hat{C}_{k,u}^F(t) = \sum_{n=1}^{N_1}\hat{C}_{k,u,n}^F(t) + \sum_{n=1}^{N_2}\hat{\tilde{C}}_{k,u,n}^F(t), \quad \forall k,u \tag{12-29}$$

$$C_{11}: \hat{C}_{k,u}^F(t) \geqslant R_u, \quad \forall k\in\mathcal{K}$$

所有小蜂窝的总容量可以重写为

$$\hat{C}_{\text{tot}}(t) = \sum_{u=1}^{U}\sum_{k=1}^{K}\hat{C}_{k,u}^F(t) \tag{12-30}$$

目标函数被重写为

$$\eta_{\text{EE}} = \lim_{t\to\infty}\frac{\sum_{\tau=0}^{t-1}E\left\{\hat{C}_{\text{tot}}(t)\right\}}{\sum_{\tau=0}^{t-1}E\left\{p_{\text{tot}}(t)\right\}} = \lim_{t\to\infty}\frac{\frac{1}{t}\sum_{\tau=0}^{t-1}E\left\{\hat{C}_{\text{tot}}(t)\right\}}{\frac{1}{t}\sum_{\tau=0}^{t-1}E\left\{p_{\text{tot}}(t)\right\}} = \frac{\bar{\hat{C}}_{\text{tot}}}{\bar{p}_{\text{tot}}} \tag{12-31}$$

等效目标函数被重写为

$$\max \overline{\hat{C}}_{\text{tot}}(p) - \eta_{\text{EE}}^{\text{opt}} \overline{p}_{\text{tot}}(p)$$
$$\text{s.t.} \quad C_1, C_2, C_3, C_4, C_5, C_7, C_8, C_9, C_{10}, C_{11} \tag{12-32}$$

12.3　基于李雅普诺夫优化方法的能量效率优化

在本节中，我们基于李雅普诺夫优化方法解决式(12-32)中的优化问题。

12.3.1　李雅普诺夫优化队列

假设在时隙 t 中为小蜂窝 k 的用户 u 维护的队列为 $Q_{k,u}(t)$。用 $A_{k,u}(t)$ 表示 $Q_{k,u}(t)$ 的业务到达速率，其峰值到达速率为 $A_{k,u}^{\max}$。为了简单起见，我们假设每个 $A_{k,u}(t)$ 在时隙上独立同分布，平均业务到达率为 α。用 $C_{k,u}(t)$ 表示 $Q_{k,u}(t)$ 准入的数据速率，并且 $C_{k,u}(t) \leqslant A_{k,u}(t)$。我们将小蜂窝基站 k 服务的用户 u 的业务缓冲队列表示如下：

$$Q_{k,u}(t+1) = \left[Q_{k,u}(t) - \hat{C}_{k,u}^{\text{F}}(t) \right]^+ + C_{k,u}(t) \tag{12-33}$$

式中，$[x]^+ \triangleq \max\{x, 0\}$。将小蜂窝用户数据到达的时间平均吞吐量定义为 $\overline{r}_{k,u} = \lim_{T \to \infty} \frac{1}{T} \sum_{t=0}^{T} C_{k,u}(t)$，我们将 $g_{\text{R}}(\cdot)$ 定义为吞吐量的函数。可以将式(12-32)中的优化问题重写为

$$\max \sum_{k \in \mathcal{K}} \sum_{u \in \mathcal{U}} g_{\text{R}}\left(\overline{r}_{k,u}\right) - \eta_{\text{EE}} p_{\text{tot}}$$
$$\text{s.t.} \quad C_1, C_2, C_3, C_4, C_5, C_7, C_8, C_9, C_{10}, C_{11} \tag{12-34}$$
$$C_{12} : \overline{\hat{C}}_{k,u}^{\text{F}} \geqslant \overline{r}_{k,u}, \quad \forall k \in \mathcal{K}, u \in \mathcal{U}$$

式中，$\overline{\hat{C}}_{k,u}^{\text{F}} = \lim_{T \to \infty} \frac{1}{T} \sum_{t=0}^{T} \hat{C}_{k,u}^{\text{F}}(t)$ 是 $\hat{C}_{k,u}^{\text{F}}(t)$ 的时间平均值。约束条件 C_{12} 确保了小蜂窝 k 中用户 u 的稳定性。因为 $g_{\text{R}}\left(\overline{r}_{k,u}\right)$ 与平均时间吞吐量有关，所以我们为小蜂窝 k 中用户 u 的业务到达速率定义了辅助变量 $\gamma_{k,u}$，其满足 $\overline{\gamma}_{k,u} \leqslant \overline{r}_{k,u}$ 和 $0 \leqslant \gamma_{k,u} \leqslant A_{k,u}^{\max}$。因此，可以将式(12-34)中的优化问题重写为

$$\max \sum_{k \in \mathcal{K}} \sum_{u \in \mathcal{U}} \overline{g_{\text{R}}\left(\gamma_{k,u}\right)} - \eta_{\text{EE}} p_{\text{tot}}$$
$$\text{s.t.} \quad C_1, C_2, C_3, C_4, C_5, C_7, C_8, C_9, C_{10}, C_{11}, C_{12} \tag{12-35}$$
$$C_{13} : \overline{\gamma}_{k,u} \leqslant \overline{r}_{k,u}, 0 \leqslant \gamma_{k,u} \leqslant A_{k,u}^{\max}$$

式中，$\overline{\gamma}_{k,u} = \lim\limits_{t \to \infty} \dfrac{1}{T} \sum\limits_{t=0}^{T} \gamma_{k,u}(t)$；$\overline{g_R(\gamma_{k,u})} = \lim\limits_{t \to \infty} \dfrac{1}{T} \sum\limits_{t=0}^{T} g_R(\gamma_{k,u}(t))$。为了满足 C_{13} 中的平均吞吐量约束条件，在时隙 t 时为小蜂窝 k 中的用户 u 定义了 $H_{k,u}(t)$，可以得到

$$H_{k,u}(t+1) = \left[H_{k,u}(t) - C_{k,u}(t) \right]^{+} + \gamma_{k,u}(t) \tag{12-36}$$

类似地，为了满足约束条件 C_7，为小蜂窝基站的用户 u 定义了虚拟功率队列。用 $Z_{k,u}(t)$ 表示发射功率为 $p_{k,u}(t)$ 的到达队列，并得到

$$Z_{k,u}(t+1) = \left[Z_{k,u}(t) - P_{k,u} \right]^{+} + p_{k,u}(t), \quad \forall k \in \mathcal{K}, u \in \mathcal{U} \tag{12-37}$$

12.3.2　李雅普诺夫优化公式

用 $\boldsymbol{\Phi}(t) = [Q(t), H(t), Z(t)]$ 表示所有队列组合的矩阵。将李雅普诺夫函数定义为队列拥塞的标量度量：

$$L(\boldsymbol{\Phi}(t)) = \frac{1}{2}\left(\sum_{k \in \mathcal{K}} \sum_{u \in \mathcal{U}} \left(Q_{k,u}(t)^2 + H_{k,u}(t)^2 + Z_{k,u}(t)^2 \right) \right) \tag{12-38}$$

在本节中，为了使李雅普诺夫函数达到较低的拥塞状态，并保持实际队列和虚拟队列的稳定，我们引入了李雅普诺夫漂移：

$$\Delta(\boldsymbol{\Phi}(t)) = E\left\{ L(\boldsymbol{\Phi}(t+1)) - L(\boldsymbol{\Phi}(t)) \right\} \tag{12-39}$$

根据李雅普诺夫优化，通过从式(12-39)的两侧减去 $VE\left\{ \sum\limits_{k \in \mathcal{K}} \sum\limits_{u \in \mathcal{U}} g_R(\gamma_{k,u}) - \eta_{EE} p_{tot} \right\}$，其中 V 是任意一个为正的控制参数，表示与队列稳定性相比，对效用最大化的强调。基于李雅普诺夫优化的进一步解决方案，我们可以得出以下三个子问题。

(1) 虚拟变量的解决方案可以通过以下方法解决：

$$\begin{aligned} &\max V_{g_R}(\gamma_{k,u}) - H_{k,u}(t)\gamma_{k,u} \\ &\text{s.t. } 0 \leqslant \gamma_{k,u} \leqslant A_{k,u}^{\max} \end{aligned} \tag{12-40}$$

相应的解为

$$\gamma_{k,u}(t) = \min\left\{ \frac{V}{H_{k,u}(t)}, A_{k,u}^{\max} \right\} \tag{12-41}$$

(2) 可以通过最大化下式来实现实际业务到达的解决方案：

$$\begin{aligned} &\max \left\{ H_{k,u}(t) - Q_{k,u}(t) \right\} E\left\{ C_{k,u}(t) \right\} \\ &\text{s.t. } 0 \leqslant C_{k,u}(t) \leqslant A_{k,u}(t) \end{aligned} \tag{12-42}$$

相应的解决方案为

$$C_{k,u}(t) = \begin{cases} A_{k,u}(t), & H_{k,u}(t) - Q_{k,u}(t) > 0 \\ 0, & \text{否则} \end{cases} \tag{12-43}$$

(3) 可以通过最小化下式来实现子信道和功率分配:

$$\min \left\{ \begin{array}{l} -\sum\limits_{k \in \mathcal{K}} \sum\limits_{u \in \mathcal{U}} Q_{k,u}(t) E\left\{\hat{C}_{k,u}^{\mathrm{F}}\right\} \\ +\sum\limits_{k=1}^{K} \sum\limits_{u=1}^{U} Z_{k,u}(t) p_{k,u}(t) + V E\left\{\eta_{\mathrm{EE}} p_{\mathrm{tot}}\right\} \end{array} \right\} \tag{12-44}$$

通过式(12-45)和式(12-46)可以获得授权频谱和未授权频谱的最佳功率分配,其中 $\boldsymbol{\lambda}$、$\boldsymbol{\beta}$、$\boldsymbol{\varphi}$、$\tilde{\boldsymbol{\varphi}}$、$\boldsymbol{\xi}$、$\tilde{\boldsymbol{\xi}}$、$\boldsymbol{\varsigma}$、$\tilde{\boldsymbol{\varsigma}}$、$\boldsymbol{\eta}$ 为拉格朗日乘子向量,用于式(12-34)中的约束条件。

$$p_{k,u,n}^{*\mathrm{F}}(t)$$

$$= \left[\frac{Q_{k,u}(t) + \beta_{k,u}}{\ln 2 \left\{ V\eta_{\mathrm{EE}} + Z_{k,u}(t) + \lambda_{k,u} + \xi_n g_{k,u,n}^{\mathrm{FM}}(t) + \sum\limits_{l=1,l\neq k}^{K} \varphi_{l,n} g_{l,k,u,n}^{\mathrm{F}} + \sum\limits_{l=1,l\neq k}^{K} \varsigma_{k,n} g_{k,l,u,n}^{\mathrm{F}} \right\}} - \frac{I_{k,u,n}}{g_{k,u,n}^{\mathrm{F}}} \right]^{+},$$

$$\forall n \in \mathcal{N}_1$$

$$\tag{12-45}$$

$$p_{k,u,n}^{*\mathrm{F}}(t)$$

$$= \left[\frac{Q_{k,u}(t) + \beta_{k,u}}{\ln 2 \left\{ V\eta_{\mathrm{EE}} + Z_{k,u}(t) + \lambda_{k,u} + \tilde{\xi}_n g_{k,u,n}^{\mathrm{FM}}(t) + \sum\limits_{l=1,l\neq k}^{K} \tilde{\varphi}_{l,n} g_{l,k,u,n}^{\mathrm{F}} + \sum\limits_{l=1,l\neq k}^{K} \tilde{\varsigma}_{k,n} g_{k,l,u,n}^{\mathrm{F}} \right\}} - \frac{\tilde{I}_{k,u,n}}{g_{k,u,n}^{\mathrm{F}}} \right]^{+},$$

$$\forall n \in \mathcal{N}_2$$

$$\tag{12-46}$$

我们定义:

$$[a]_{k,u,n} = -\left(\beta_{k,u} + Q_{k,u}(t)\right) \log_2 \left(1 + \frac{p_{k,u,n}^{*\mathrm{F}}(t) g_{k,u,n}^{\mathrm{F}}}{I_{k,u,n}} \right)$$

$$+ \left(Q_{k,u}(t) + \beta_{k,u}\right) \frac{p_{k,u,n}^{*\mathrm{F}}(t) g_{k,u,n}^{\mathrm{F}}}{\ln 2 \left(I_{k,u,n} + p_{k,u,n}^{*\mathrm{F}}(t) g_{k,u,n}^{\mathrm{F}}\right)}, \quad \forall n \in \mathcal{N}_1 \tag{12-47}$$

$$[\tilde{a}]_{k,u,n} = -\left(\beta_{k,u} + Q_{k,u}(t)\right)\log_2\left(1 + \frac{p_{k,u,n}^{*F}(t)g_{k,u,n}^{F}}{\tilde{I}_{k,u,n}}\right)$$

$$+ \left(Q_{k,u}(t) + \beta_{k,u}\right)\frac{p_{k,u,n}^{*F}(t)g_{k,u,n}^{F}}{\ln 2\left(\tilde{I}_{k,u,n} + p_{k,u,n}^{*F}(t)g_{k,u,n}^{F}\right)}, \quad \forall n \in \mathfrak{N}_2 \quad (12\text{-}48)$$

授权频谱和未授权频谱中的最佳子信道分配可以分别表示为

$$a_{k,u,n}^{F} = 1\big|_{u^* = \max\limits_i [a]_{k,i,n}}, \quad \forall k \in \mathcal{K}, n \in \mathfrak{N}_1 \quad (12\text{-}49)$$

$$a_{k,u,n}^{F} = 1\big|_{u^* = \max\limits_i [\tilde{a}]_{k,i,n}}, \quad \forall k \in \mathcal{K}, n \in \mathfrak{N}_2 \quad (12\text{-}50)$$

基于次梯度法[7]，可以采用和文献[10]中类似的方法，解决功率分配的主对偶问题。平均能量效率 η_{EE}^{ave} 可以表示为

$$\eta_{EE}^{ave} = \frac{1}{T}\sum_{t=1}^{T}\eta_{EE} \quad (12\text{-}51)$$

由于篇幅有限，这里没有提供队列和效用的稳定性以及平均队列长度性能的详细证明，类似的证明可以在文献[11]中找到。

12.4 仿真结果与分析

在此仿真中考虑了一个宏基站和一个 Wi-Fi。假设小蜂窝基站的数量为 4，每个小蜂窝基站的用户数量为 5。子信道的数量为 $\mathfrak{N} = 12$，其中 $\mathfrak{N}_1 = 7$ 和 $\mathfrak{N}_2 = 5$。小蜂窝基站 k 的用户 u 的最大平均发射功率和最大瞬时发射功率分别为 2W 和 2.005W。在授权频谱和未授权频谱中，我们将时隙 t 时小蜂窝基站 k 中用户 u 在子信道 n 上的总接收干扰功率的上限定义为 1.2W。

图 12-1 显示了平均业务到达率 α 不同的情况下，平均能量效率性能与参数 V

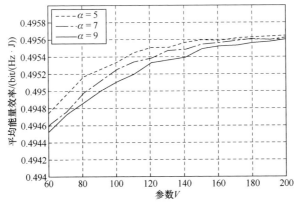

图 12-1 平均业务到达率 α 不同时平均能量效率性能与参数 V 的关系

的关系。将用户的 QoS 要求设置为 $R_u = 0.8\mathrm{bit}/(\mathrm{s} \cdot \mathrm{Hz})$，将时间间隔 T 设置为 2000 个时隙。对于相同的 α，随着参数 V 的增加，能量效率的值也增加并收敛于特定值。对于相同的 V，随着 α 的增大，平均能量效率值会降低。这是因为 α 较大时需要更多的功率来传输数据并避免排队拥塞，所以会导致较高的平均功耗。

12.5　总　　结

本章研究了在共享异构小蜂窝网络的授权频谱和未授权频谱中的动态子信道和功率分配问题，其中考虑了不完整的信道状态信息、最小 QoS 要求、最大功率约束、子信道分配约束以及同层和跨层干扰。在李雅普诺夫优化框架的基础上，能量效率优化问题被分解为三个子问题，其中两个是线性问题，其余的问题可以通过引入拉格朗日函数来解决。最后，利用数学分析和仿真结果证明了该算法的有效性。

参 考 文 献

[1] Jiang L, Tian H, Xing Z, et al. Social-aware energy harvesting device-to-device communications in 5G networks. IEEE Wireless Communications, 2016, 23(4): 20-27.

[2] Khoshkholgh M G, Zhang Y, Chen K C, et al. Connectivity of cognitive device-to-device communications underlying cellular networks. IEEE Journal on Selected Areas in Communications, 2015, 33(1): 81-99.

[3] Zhang Y, Yu R, Xie S L, et al. Home M2M networks: Architectures, standards, and QoS improvement. IEEE Communications Magazine, 2011, 49(4): 44-52.

[4] Zhang H J, Huang S, Jiang C X, et al. Energy efficient user association and power allocation in millimeter wave based ultra dense networks with energy harvesting base stations. IEEE Journal on Selected Areas in Communications, 2017, 35(9): 1936-1947.

[5] Chen Q M, Yu G D, Maaref A, et al. Rethinking mobile data offloading for LTE in unlicensed spectrum. IEEE Transactions on Wireless Communications, 2016, 15(7): 4987-5000.

[6] Zhang H J, Nie Y N, Cheng J L, et al. Sensing time optimization and power control for energy efficient cognitive small cell with imperfect hybrid spectrum sensing. IEEE Transactions on Wireless Communications, 2017, 16(2): 730-743.

[7] Yu Y L, Peng M G, Li J, et al. Resource allocation optimization for hybrid access mode in heterogeneous networks. Proceedings of IEEE Wireless Communications and Networking Conference, New Orleans, 2015: 1243-1248.

[8] Zhang H J, Chu X L, Guo W S, et al. Coexistence of Wi-Fi and heterogeneous small cell networks sharing, unlicensed spectrum. IEEE Communications Magazine, 2015, 53(3): 158-164.

[9] Dinkelbach W. On nonlinear fractional programming. Management Science, 1967, 13: 492-498.

[10] Zhang H J, Jiang C X, Mao X T, et al. Interference-limited resource optimization in cognitive femtocells with fairness and imperfect spectrum sensing. IEEE Transactions on Vehicular

Technology, 2016, 65(3): 1761-1771.

[11] Peng M G, Yu Y L, Xiang H Y, et al. Energy-efficient resource allocation optimization for multimedia heterogeneous cloud radio access networks. IEEE Transactions on Multimedia, 2016, 18(5): 879-892.

第 13 章　认知无线网络中的最优
公平资源分配

13.1　引　　言

　　无线用户数量和吞吐量的不断增长，导致了对带宽和能耗的巨大需求。根据已有的研究表明[1]，当前的固定频谱分配方法未能充分地利用可用频谱。由于频谱不足和利用率低，认知无线电(cognitive radio, CR)被认为是一个对频谱效率和绿色通信可行的候选方案[2]。认知无线电网络的许多研究工作都集中在资源优化上，如带宽和功率分配的联合优化[3]及感应时间的优化[4,5]，但这些工作都假定了一个非持续的有限能量供应。

　　为了延长能量受限的无线节点的生命周期，能量收集被认为是一种很有前景的方法[6-8]。能量收集的关键思想是用无线节点(称为能量收集接收器(energy harvesting receiver, EHR))捕获源节点发送的无线射频信号，对其电池进行充电，而后将其用于信号处理或传输，因此带有能量采集器的认知无线电网络被提出了。然而，目前相关工作主要是针对系统的吞吐量或能量效率进行优化[9]，没有考虑能量收集的问题。这些研究所设计的最优资源分配可能不是以收集能量为依据的最优资源分配，并且在较差的信道条件下，总的最优收集能量的提高是以单个链路的收集能量为代价的，这会导致链路之间的严重不公平。基于这一观察结果，我们研究并建立了在发射功率、最小速率和干扰约束下，基于宽带感知并同时具有无线携能通信的认知无线电网络的最大-最小公平能量收集最大化问题。

　　本章在一个基于宽带感知并具有无线携能通信的网络中，建立并最大化最坏情况下能量收集接收器所收集的能量，这是初次在一个基于宽带传感的具有无线携能通信的认知无线电网络中优化所收集的能量。由于该问题的非凸性，我们引入了一个新的辅助变量，并对其进行了松弛处理。仿真结果表明，在感应时间和最优收集能量之间有一个新的权衡，并且该研究改进了各个链路之间的公平性。

13.2 系 统 模 型

13.2.1 问题建模

系统模型如图 13-1 所示。它是一种基于宽带感知并具有无线携能通信的认知无线电网络。在该模型中,有一个主基站(primary base station, PBS)、一个认知基站(cognitive base station, CBS)、N 个主要用户(primary user, PU)、M 个次要用户(secondary user, SU)和 K 个能量收集接收器。宽带被划分为 N 个独立的非重叠窄带子信道,并将这些子信道分配给被许可的主要用户。为了减少干扰,每个子信道只能被一个次要用户使用,但每个次要用户可以占用多个子信道[10]。在基于宽带感知的机制中,认知基站首先在每帧的开始处感知这 N 个信道,根据感知结果决定是否传输数据和能量。如果被感知的信道处于空闲状态,认知基站便利用该信道向次要用户发送信息并同时向能量收集接收器传输能量。

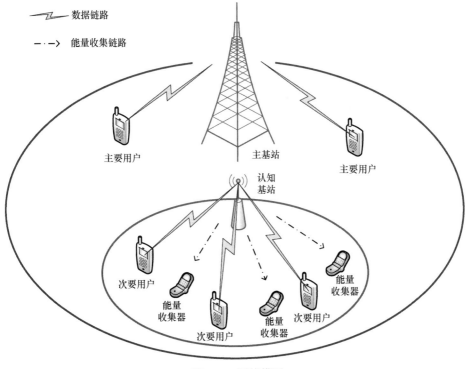

图 13-1 系统模型

在感知的过程中,我们使用能量检测器来感知主要用户的存在。设 $H_{0,i}$ 和 $H_{1,i}$ 分别表示在第 i 个频带(第 i 个子信道)处主基站是否存在。假设由主基站发送的信

号到 N 个主要用户是相移键控(phase-shift keying, PSK)信号，认知基站和次要用户处的噪声都是独立同分布的且是具有零均值和 N_0 方差的循环对称高斯噪声。由于信道感知的不完善，能量检测器对第 i 个窄带信道误报的概率可以由文献[11]给出：

$$P_{\mathrm{fa},i}(\tau) = Q\left(\sqrt{2\gamma_i + 1}Q^{-1}\left(\overline{P}_{d,i}\right) + \sqrt{\tau f_s}\gamma_i\right) \tag{13-1}$$

式中，$i \in \mathcal{I}, \mathcal{I} = \{1,2,\cdots,N\}$，$\overline{P}_{d,i}$ 为第 i 个信道的目标检测概率；τ 为感应时间；f_s 为采样频率；γ_i 为在第 i 个信道认知基站从主要用户接收的信噪比(signal-to-noise ratio, SNR)。在式(13-1)中，$Q(\cdot)$ 表示标准高斯随机变量的互补分布函数，定义为 $Q(x) = \dfrac{1}{\sqrt{2\pi}}\displaystyle\int_x^{\infty} \exp\left(-\dfrac{t^2}{2}\right)$ 且 $Q^{-1}(\cdot)$ 为其反函数。

13.2.2　功率约束

在一个基于宽带感知的认知无线电网络中，我们应该保护主要用户，同时保证次要用户吞吐量的服务质量。因此，必须考虑次要用户速率约束、发射功率约束和干扰功率约束。在这个系统中，设 $g_{i,m}(i \in \mathcal{I}, m \in \mathcal{M})$ 为认知基站和第 m 个次要用户在第 i 个窄带信道处的信道功率增益，其中 $\mathcal{M} = \{1,2,\cdots,M\}$；$z_{i,m}(i \in \mathcal{I}, m \in \mathcal{M})$ 表示在第 i 个窄带信道处主基站与第 m 个次要用户之间的干扰信道功率增益；$q_i(i \in \mathcal{I})$ 表示认知基站和第 i 个主要用户之间的干扰信道功率增益。令 $h_{i,k}(i \in \mathcal{I}, k \in \mathcal{K})$ 表示在第 k 个窄带信道处认知基站和第 k 个能量收集接收器之间的信道功率增益，其中 $\mathcal{K} = \{1,2,\cdots,K\}$。

假设所有涉及的信道均为瑞利分布，相应的功率增益为指数分布。我们假设相关的信道是完全已知的，这可以用可忽略的估计误差来估计[12,13]。因此，对于第 i 个窄带信道的第 m 个次要用户接收机，存在两种情况：主要用户空闲、认知基站检测结果正确(空闲)和主要用户存在、检测结果错误(空闲)。这两种情况的比率分别表示为

$$R_{i,m}^{00} = \log_2\left(1 + \frac{P_{i,m}g_{i,m}}{\sigma_m^2}\right) \tag{13-2}$$

$$R_{i,m}^{10} = \log_2\left(1 + \frac{P_{i,m}g_{i,m}}{P_i^{\mathrm{PU}}z_{i,m} + \sigma_m^2}\right) \tag{13-3}$$

式中，$P_{i,m}$ 表示认知基站和第 m 个次要用户在第 i 个窄带信道处的信道功率；P_i^{PU} 表示主基站与主要用户在第 i 个窄带信道处的信道功率增益。

参数 $a_{0,i}, b_{0,i}, i \in \mathcal{I}$ 表示正确和错误检测案例的概率，它们可以表示为

$$a_{0,i} = \Pr(H_{0,i})(1 - P_{\text{fa},i}(\tau)) \tag{13-4}$$

$$b_{0,i} = \Pr(H_{1,i})(1 - \overline{P}_{d,i}) \tag{13-5}$$

因此，第 m 个次要用户在第 i 个子信道处的速率可以表示为

$$R_{i,m} = \frac{T - \tau}{T}(a_{0,i}R_{i,m}^{00} + b_{0,i}R_{i,m}^{10}) \tag{13-6}$$

式中，T 为帧持续时间。在第 i 个信道处第 k 个能量收集接收器的收集能量为

$$E_{i,k} = \frac{T - \tau}{T}\zeta h_{i,k}\sum_{m=1}^{M}\rho_{i,m}(a_{0,i}P_{i,m} + b_{0,i}P_{i,m} + \sigma_k^2) \tag{13-7}$$

式中，$\rho_{i,m}$ 是信道分配指示符，"1" 表示信道被分配到第 m 个次要用户，否则为 "0"；σ_k 是第 k 个能量收集接收器处的高斯白噪声，其均值和单位方差为零；ζ 表示能量收集接收器的节能效率，$0 < \zeta < 1$。

在第 i 个主要用户处的干扰为

$$I_i = \frac{T - \tau}{T}q_i\sum_{m=1}^{M}\rho_{i,m}b_{0,i}P_{i,m} \tag{13-8}$$

式(13-8)是认知基站对第 i 个主要用户施加的干扰，为了保护主要用户免受干扰，它应该在主要用户的最大容许范围内，这是认知无线电网络的一个基本问题。

13.3　最大-最小公平的能量收集资源分配

本节将能量收集接收器链路的公平性考虑在内，并在基于宽带感知并具有无线携能通信的认知无线电网络中计算出最坏情况下能量收集接收器所收集的能量。通过联合优化感知时间、发射功率和子信道分配，并在发射功率约束、各次要用户速率约束和各主要用户干扰功率约束下，最大化最小收集能量。

13.3.1　最大-最小公平的能量收集问题建模

在理想信道状态信息并满足吞吐量约束、发射功率约束和干扰功率约束条件下，基于感知信息的具有无线携能通信的认知无线电网络中，最坏情况下的能量收集接收器所获得的能量最大化问题可以表示为

$$\max_{P_{i,m},\tau,\rho_{i,m}}\min_{k\in\mathcal{K}}\sum_{i=1}^{N}E_{i,k}$$

$$\text{s.t.}\quad C_1 : \sum_{i=1}^{N}\rho_{i,m}R_{i,m} \geqslant R_{\min}, \quad m\in\mathcal{M}$$

$$C_2 : \frac{T - \tau}{T}\sum_{i=1}^{N}\sum_{m=1}^{M}\rho_{i,m}(a_{0,i}P_{i,m} + b_{0,i}P_{i,m}) \leqslant P_{\text{th}}$$

$$C_3 : I_i \leqslant P_{I,i}, \quad i \in \mathcal{I}$$

$$C_4 : \sum_{m=1}^{M} \rho_{i,m} = 1, \quad i \in \mathcal{I}$$

$$C_5 : \rho_{i,m} \in \{0,1\}$$

$$C_6 : P_{i,m} \geqslant 0, \quad i \in \mathcal{I}, m \in \mathcal{M}$$

(13-9)

式中，$R_{\min}$ 是每个次要用户的最低速率要求，表示为式(13-6)；P_{th} 是认知基站的最大发射功率；$P_{I,i}$ 为施加在第 i 个主要用户上的最大容许干扰。C_1 能够保证每个次要用户速率不低于 $R_{\min}$。C_2 是发射功率约束，用来限制认知基站的总发射功率。为了保护主要用户的服务质量，引入了干扰功率约束 C_3。由于子信道分配 C_4 和 C_5 约束条件，τ、$\rho_{i,m}$ 和 $P_{i,m}$ 与混合整数规划之间存在耦合，因此式(13-9)是非凸的。为了使优化问题易于处理，我们引入了一个松弛变量 Y，将式(13-9)转化为

$$P_2 : \max_{P_{i,m}, \tau, \rho_{i,m}} Y \tag{13-10}$$

$$\text{s.t.} \quad \sum_{i=1}^{N} E_{i,k} \geqslant Y, \quad k \in \mathcal{K} \tag{13-11}$$

$$\sum_{i=1}^{N} \rho_{i,m} R_{i,m} \geqslant R_{\min}, \quad m \in \mathcal{M} \tag{13-12}$$

$$C_2 \sim C_6 \tag{13-13}$$

式(13-10)仍然是非凸的，式中的 Y 表示满足信号处理和传输所需的最少能量，新的松弛变量 Y 与优化变量 τ、$\rho_{i,m}$ 和 $P_{i,m}$ 无关。因此，目标为凸函数。为了解决这个问题，我们将整数变量 $\rho_{i,m}$ 松弛并引入一个新变量 $S_{i,m}$，具体情况如下。

13.3.2   问题的次优解

通过引入 $S_{i,m} = \rho_{i,m} P_{i,m}$ 且设松弛变量 $\rho_{i,m} \in [0,1]$[14]，式(13-10)可以转化为关于变量 $S_{i,m}$ 和 $\rho_{i,m}$ 的凸函数。因此，我们可以用拉格朗日方法来解决这个问题。式(13-10)的拉格朗日函数为

$$
\begin{aligned}
L(\varXi) = & \sum_{k=1}^{K} \mu_k \left(\frac{T-\tau}{T} \sum_{i=1}^{N} \sum_{m=1}^{M} \zeta h_{i,k} \left(a_{0,i} S_{i,m} + b_{0,i} S_{i,m} \right) \right) \\
& + \sum_{k=1}^{K} \mu_k \left(\frac{T-\tau}{T} \sum_{i=1}^{N} \sum_{m=1}^{M} \zeta h_{i,k} \rho_{i,m} \sigma_k^2 \right) \\
& + \sum_{m=1}^{M} \lambda_m \left(\sum_{i=1}^{N} \rho_{i,m} \frac{T-\tau}{T} \left(a_{0,i} R_{i,m}^{00} + b_{0,i} R_{i,m}^{10} \right) - R_{\min} \right)
\end{aligned}
$$

$$+ \nu \left(P_{\text{th}} - \frac{T-\tau}{T} \sum_{i=1}^{N} \sum_{m=1}^{M} \left(a_{0,i} S_{i,m} + b_{0,i} S_{i,m} \right) \right)$$

$$+ \sum_{i=1}^{N} \omega_i \left(P_{l,i} - \frac{T-\tau}{T} q_i \sum_{m=1}^{M} b_{0,i} S_{i,m} \right)$$

$$+ \sum_{i=1}^{N} \xi_i \left(1 - \sum_{m=1}^{M} \rho_{i,m} \right) + \varUpsilon - \sum_{k=1}^{K} \mu_k \varUpsilon \tag{13-14}$$

式中，$R_{i,m}^{00}$ 和 $R_{i,m}^{10}$ 分别表示为

$$R_{i,m}^{00} = \log_2 \left(1 + \frac{S_{i,m} g_{i,m}}{\rho_{i,m} \sigma_m^2} \right) \tag{13-15}$$

$$R_{i,m}^{10} = \log_2 \left(1 + \frac{S_{i,m} g_{i,m}}{\rho_{i,m} \left(P_i^{\text{PU}} z_{i,m} + \sigma_m^2 \right)} \right) \tag{13-16}$$

给定一个感应时间，通过应用 Karush-Kuhn-Tucker(KKT)条件[15]，可以得到

$$\frac{\partial L(\varXi)}{\partial S_{i,m}} \begin{cases} = 0, & S_{i,m}^{\text{opt}} > 0 \\ < 0, & S_{i,m}^{\text{opt}} = 0 \end{cases}, \quad \forall i,m \tag{13-17}$$

$$\frac{\partial L(\varXi)}{\partial \rho_{i,m}} \begin{cases} < 0, & \rho_{i,m}^{\text{opt}} = 0 \\ = 0, & 0 < \rho_{i,m}^{\text{opt}} < 1, \quad \forall i,m \\ > 0, & \rho_{i,m}^{\text{opt}} = 1 \end{cases} \tag{13-18}$$

根据式(13-17)，我们得到了最佳发射功率为

$$P_{i,m} = \frac{S_{i,m}}{\rho_{i,m}} = \left[\frac{-\varDelta_{0,i,m} + \sqrt{\varDelta_{0,i,m}^2 - 4c_{0,i} g_{i,m}^2 d_{0,i,m}}}{2c_{0,i} g_{i,m}^2} \right]^+ \tag{13-19}$$

式中，间接参数 $\varDelta_{0,i,m}$、$d_{0,i,m}$ 和 $c_{0,i}$ 可以表示为

$$\varDelta_{0,i,m} = c_{0,i} g_{i,m} \left(P_i^{\text{PU}} z_{i,m} + 2\sigma_m^2 \right) - g_{i,m}^2 \lambda_m \left(a_{0,i} + b_{0,i} \right) \tag{13-20}$$

$$d_{0,i,m} = \left(\sigma_m^2 c_{0,i} - \lambda_m a_{0,i} g_{i,m} \right) \left(P_i^{\text{PU}} z_{i,m} + \sigma_m^2 \right) - \lambda_m b_{0,i} g_{i,m} \sigma_m^2 \tag{13-21}$$

$$c_{0,i} = \left(a_{0,i} + b_{0,i} \right) \left(\nu - \sum_{k=1}^{K} \mu_k \zeta h_{i,k} \right) \ln 2 + \omega_i q_i b_{0,i} \ln 2 \tag{13-22}$$

为了获得最优的子信道分配 $\rho_{i,m}$，根据式(13-18)，我们定义了以下间接变量：

$$H_{i,m} = \frac{T-\tau}{T}\lambda_m \left(a_{0,i}\left(R_{i,m}^{00} - H_{i,m}^{00} \right) + b_{0,i}\left(R_{i,m}^{10} - H_{i,m}^{10} \right) \right) + \frac{T-\tau}{T}\sum_{k=1}^{K}\mu_k \zeta h_{i,k}\sigma_k^2 \quad (13\text{-}23)$$

式中，λ_m 是关于式(13-12)所给出约束的对偶变量。μ_k 对应于式(13-11)所给出的约束。$R_{i,m}^{00}$ 和 $R_{i,m}^{10}$ 如式 (13-15) 和式 (13-16) 所示，$H_{i,m}^{00}$ 和 $H_{i,m}^{10}$ 分别表示为 $H_{i,m}^{00} = \dfrac{P_{i,m}g_{i,m}}{\left(\sigma_m^2 + P_{i,m}g_{i,m}\right)\ln 2}$ 和 $H_{i,m}^{10} = \dfrac{P_{i,m}g_{i,m}}{\left(P_i^{\mathrm{PU}}z_{i,m} + \sigma_m^2 + P_{i,m}g_{i,m}\right)\ln 2}$。基于式(13-18)和式(13-23)，我们得到了最终的子信道分配指标：

$$\rho_{i,m}^{\mathrm{opt}} = \begin{cases} 0, & H_{i,m} < \xi_i \\ 1, & H_{i,m} > \xi_i \end{cases} \quad (13\text{-}24)$$

$$\Rightarrow \rho_{i^*,m}^{\mathrm{opt}} = 1, \rho_{i,m}^{\mathrm{opt}} = 0, i \neq i^*, i \in \mathcal{I}$$

基于最优功率和子信道分配，并在给定的感知时间内，最坏情况下能量收集接收器所获得的能量的最大值，用 $\varUpsilon^{\mathrm{opt}}$ 可以表示为

$$\varUpsilon^{\mathrm{opt}} = \begin{cases} 0, & \sum\limits_{k=1}^{K}\mu_k > 1 \\ \min\limits_{1\leqslant k\leqslant K}\sum\limits_{i=1}^{N}E_{i,k}, & \sum\limits_{k=1}^{K}\mu_k \leqslant 1 \end{cases} \quad (13\text{-}25)$$

最后，在给定的感知时间内，为了得到最优的功率和子信道分配，所有的对偶变量都通过使用次梯度法得到。与这些对偶变量相关的次梯度如下：

$$\Delta\mu_k = \frac{T-\tau}{T}\sum_{i=1}^{N}\sum_{m=1}^{M}h_{i,k}\zeta\left(a_{0,i}S_{i,m}^* + b_{0,i}S_{i,m}^* + \rho_{i,m}^*\sigma_k^2\right) - \varUpsilon^{\mathrm{opt}} \quad (13\text{-}26)$$

$$\Delta\lambda_m = \sum_{i=1}^{N}\rho_{i,m}^{\mathrm{opt}}\frac{T-\tau}{T}\left(a_{0,i}R_{i,m}^{00,\mathrm{opt}} + b_{0,i}R_{i,m}^{10,\mathrm{opt}}\right) - R_{\min} \quad (13\text{-}27)$$

$$\Delta\nu = P_{\mathrm{th}} - \frac{T-\tau}{T}\sum_{i=1}^{N}\sum_{m=1}^{M}\left(a_{0,i}S_{i,m}^* + b_{0,i}S_{i,m}^*\right) \quad (13\text{-}28)$$

$$\Delta\omega_i = P_{I,i} - \frac{T-\tau}{T}q_i\sum_{m=1}^{M}b_{0,i}S_{i,m}^* \quad (13\text{-}29)$$

$$\mu_k(t+1) = \left[\mu_k(t) - \beta(t)\Delta\mu_k(t)\right]^+ \quad (13\text{-}30)$$

$$\lambda_m(t+1) = \left[\lambda_m(t) - \alpha(t)\Delta\lambda_m(t)\right]^+ \quad (13\text{-}31)$$

$$\nu(t+1) = \left[\nu(t) - \delta(t)\Delta\nu(t)\right]^+ \quad (13\text{-}32)$$

$$\omega_i(t+1) = \left[\omega_i(t) - \varepsilon(t)\Delta\omega_i(t)\right]^+ \quad (13\text{-}33)$$

$\alpha(t)$、$\beta(t)$、$\delta(t)$ 是第 t 次迭代的迭代步长。$[a]^+ = \max(a,0)$ 表示取 a 和 0 之间的最大值。次梯度法已被证明能在小范围内收敛到最优稳定状态。在给定感应时间范围的情况下，采用一维搜索法求出最佳感应时间，详细的算法如算法 13-1 所示。

算法 13-1　　P2 的一维搜索算法

---

1. 设置：
2. 误差容限 $\psi_{1,2,3,4} > 0$。
3. 信道最大实现数 N。
4. 初始化：
5. 迭代指标 nnn $=1$。
6. 优化：
7. for　$\tau = 0:T$
8. 　　根据式(13-1)计算 $P_{\text{fa},i}(\tau)$。
9. 　　根据式(13-6)计算 $a_{0,i}, b_{0,i}$。
10. 　　for　$n = 1:N$
11. 　　　　生成所有相关信道
12. 　　　　$g_{i,m}, z_{i,m}, h_{i,k}, q_i$。
13. 　　　　初始化对偶变量 $\lambda, \mu, \nu, \omega$。
14. 　　　　迭代指标 nn $=1$。
15. 　　　　repeat
16. 　　　　　　使用式(13-23)计算功率；
17. 　　　　　　使用式(13-25)计算 $H_{i,m}$；
18. 　　　　　　根据式(13-26)～式(13-33)分配信道 $\rho_{i,m}$；
19. 　　　　　　更新对偶变量 λ, μ, ν 和 ω，
20. 　　　　　　设置迭代指标 nn $=$ nn$+1$；
21. 　　　　until　$\| \lambda(\text{nn}+1) - \lambda(\text{nn}) \|_2 \leqslant \psi_1$,
22. 　　　　　　　　$\| \mu(\text{nn}+1) - \mu(\text{nn}) \|_2 \leqslant \psi_2$,
23. 　　　　　　　　$\| \nu(\text{nn}+1) - \nu(\text{nn}) \|_2 \leqslant \psi_3$,
24. 　　　　　　　　$\| \omega(\text{nn}+1) - \omega(\text{nn}) \|_2 \leqslant \psi_4$。
25. 　　　　得到所收集能量之和的最大值。
26. 　　end
27. 　　平均所有信道上收集的总能量；
28. 　　nnn $=$ nnn$+1$；

---

29. end

30. 最优资源配置

31. $\tau_{\text{opt}} = \arg\max\limits_{0 \leqslant \tau \leqslant T} \varUpsilon(\tau)$ ，进而计算出 $\left[P_{i,m}^{\text{opt}} \right]_{\tau=\tau_{\text{opt}}}$ 和 $\left[\rho_{i,m}^{\text{opt}} \right]_{\tau=\tau_{\text{opt}}}$ 。

13.4 仿真结果与分析

本书将给出仿真结果来评估所提算法的性能。主要的参数设置为 $P_{\text{th}} = P_{\text{PU}} = 10\text{dB}$，$\Pr(H_{0,i}) = P_d = 0.8$，$P_I = 0.1\text{W}$ 且 $\xi = 0.7$。在认知基站接收到的与主要用户信号相关的信噪比分别为 $[-20, -17, -19, -18, -16, -17](\text{dB})$。为了验证算法的公平性，我们比较了最差情况下能量收集接收器所获取的最大化总能量和所有能量收集接收器获取的最大化总能量。

图 13-2 为在两种情况下不同数量的子信道的总收集能量与感应时间的关系。观测到总能量是感应时间的凹函数，因此，存在一个最佳感应时间最大化所收集的能量。这是因为增加感应时间可以提高频谱检测精度；另外，它在固定的帧长内减少了数据传输时间。此外，当子信道数目增加时，总收集能量也会增加。这可以解释为，当子信道数目增加时，次要用户和能量收集接收器将有更多的机会访问更多的资源。此外，我们发现，在没有公平性的情况下总的收集能量大于有

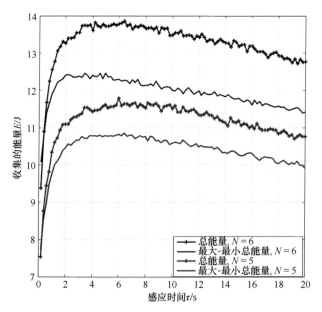

图 13-2 收集的能量与感应时间的关系

公平性的情况,这是因为在没有公平性的情况下,大多数资源被分配给好的能量收集接收器,从而使总的收集能量最大化。

图 13-3 显示出了链路公平性对收集能量的影响。我们可以看到,不公平情况下的平均收集能量高于公平情况下的平均收集能量。这是因为在不考虑公平性的情况下,大部分或全部资源将分配给好的用户。在公平情况下,最佳用户获得的能量减少,而在这种情况下,最差链路获得的能量增加。在公平机制中,资源可以公平地分配给所有的用户,特别是对最差的用户有利,如果没有公平,该用户就不可能分配到资源。显然,由于底层的公平资源分配算法,我们有效地保证了能量收集接收器之间的公平性。

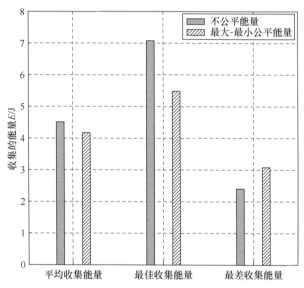

图 13-3 平均、最佳和最差情况下所收集能量的比较

13.5 总 结

本章研究了基于宽带感知并具有无线携能通信的认知无线电网络的最大-最小公平能量分配问题。在发射功率、干扰功率和次要用户速率约束下,联合优化子信道、功率和感应时间,最大化最差情况下用户获得的能量。仿真结果验证了该算法的公平性,揭示了感应时间和收集能量之间的一种新的权衡。

参 考 文 献

[1] Hanet C. Green radio: Radio techniques to enable energy-efficient wireless networks. IEEE Communications Magazine, 2011, 49(6): 46-54.

[2] Mitola III J, Maguire G Q. Cognitive radios: Making software radio more personal. IEEE Personal Communications, 1999, 6(4): 13-18.

[3] Gong X, Vorobyov S A, Tellambura C. Optimal bandwidth and power allocation for sum ergodic capacity under fading channels in cognitive radio networks. IEEE Transactions on Signal Processing, 2011, 59(4): 1814-1826.

[4] Zhang H J, Nie Y, Cheng J L, et al. Sensing time optimization and power control for energy efficient cognitive small cell with imperfect hybrid spectrum sensing. IEEE Transactions on Wireless Communications, 2017, 16(2): 730-743.

[5] Zhou F H, Beaulieu N C. Energy-efficient optimal power allocation for fading cognitive radio channels: Ergodic capacity, outage capacity and minimum-rate capacity. IEEE Transactions on Wireless Communications, 2016, 15(4): 2741-2755.

[6] Varshney L R. Transporting information and energy simultaneously. Proceedings of IEEE International Symposium on Information Theory, Toronto, 2008: 1612-1616, 2363-2367.

[7] Grover P, Sahai A. Shannon meets tesla: Wireless information and power transfer. Proceedings of IEEE International Symposium on Information Theory, Austin, 2010: 2363-2367.

[8] Hu Z Z, Zhou F H, Zhang Z P, et al. Optimal max-min fairness energy-harvesting resource allocation in wideband cognitive radio network. Proceedings of IEEE Vehicular Technology Conference (VTC Spring), Sydney, 2017: 1-5.

[9] Park S, Lee S W, Kim B, et al. Energy-efficient opportunistic spectrum access in cognitive radio networks with energy harvesting. Proceedings of International Conference on Cognitive Radio and Advanced Spectrum Management, Barcelona, 2011: 7-15.

[10] Hattab G, Ibnkahla M. Multiband spectrum access: Great promises for future cognitive radio networks. Proceedings of IEEE, 2014, 102(3): 282-306.

[11] Stotas S, Nallanathan A. Optimal sensing time and power allocation in multiband cognitive radio networks. IEEE Transactions on Communications, 2011, 59(1): 226-235.

[12] Zhang H J, Jiang C X, Mao X T, et al. Interference-limited resource optimization in cognitive radio femtocells with fairness and imperfect spectrum sensing. IEEE Transactions on Vehicular Technology, 2016, 65(3): 1761-1771.

[13] Pei Y Y, Liang Y C, Teh K C, et al. How much time is needed for wideband spectrum sensing. IEEE Transactions on Wireless Communications, 2009, 8(11): 5466-5471.

[14] Li Y Z, Sheng M, Tan C W, et al. Energy-efficient subcarrier assignment and power allocation in OFDMA systems with max-min fairness guarantees. IEEE Transactions on Communications, 2015, 63(9): 3183-3195.

[15] Boyd S, Vandenberghe L. Convex Optimization. Cambridge: Cambridge University Press, 2004.

第14章 基于网络功能虚拟化和雾计算的未来无线网络切换机制

14.1 引　　言

在过去的十年里，由于终端设备的快速发展和对移动宽带服务需求的增加，许多研究和产业方案都集中在研究 5G 蜂窝网络方面。5G 可以提供巨大的移动数据容量，据预计可以达到目前容量水平的 1000 倍，每秒几千兆比特[1]，超低延迟可短至几毫秒。与此同时，越来越多种类的接入设备和强大的终端设备应运而生，如智能手机、传感器、联网车辆、路边单元[2]等，它们将消耗和产生巨大的数据。在此背景下，5G 将成为万物互联新时代的一项使能技术[3]。

为了应对海量连接设备和数据流量的爆炸式增长，业界提出了云无线接入网络(cloud radio access networks, CRAN)，在 CRAN 内，控制、计算和存储功能被分配到一个中心云[4]。此外，还研究了异构云无线接入网络(heterogeneous cloud radio access networks, HCRAN)，以克服云无线接入网络的缺陷，在异构云无线接入网络中，高功率节点可以支持无所不在的覆盖，并通过回程链路连接到基带单元池进行干扰管理。射频拉远头提供高速数据速率来传输分组通信[5]，但是异构云无线接入网络可能会给前端和回程链路带来额外的负担。

在 5G 网络中，雾计算可以提供较低的服务延迟、更好的位置感知和良好的服务质量，从而带来更好的用户体验。雾无线接入网络(fog radio access networks, FRAN)的特点包括无缝覆盖、分布式管理和协作[6]，在雾无线接入网络中，数据存储在终端用户设备附近，而不是只在远程数据中心，将雾无线接入网络应用到 5G 网络可以让大量设备连接到互联网，包括传感器、设备和自动驾驶汽车。这些连接的设备可以在网络边缘建立多个微型云，并在本地交换数据或通过雾节点(fog-access points, F-AP)连接到核心网络。然而，雾节点的部署将导致巨大的能量消耗，同时这些雾节点将产生一个大的相邻小区列表，并造成干扰[7]；另外，随着 5G 网络的商业部署，移动网络用户期待 5G 网络能够有更快的连接速度。因此，服务提供商面临着一个重大的挑战：如何用合理的金融投资来满足用户的期望。此外，在各种设备上运行的许多不同类型的服务维护和配置将加剧雾无线接入网络目前的管理困难程度。因此，迫切需要开发新的方法来管理异构设备及其在雾无线接入网络中运行的服务。

电信运营商提出使用网络功能虚拟化(network function virtualization, NFV)来解决业务敏捷性的不足，并满足可靠基础设施的持续需求。对于网络运营商来说，减少甚至消除他们对昂贵的专有硬件的依赖是非常重要的，因此，电信运营商在欧洲电信标准协会下成立了一个网络功能虚拟化行业规范团队，2012 年 10 月，该组织宣布了相关政策。网络功能虚拟化是一个新的网络架构概念，网络功能应该从定制硬件设备迁移到虚拟的软件设备。在 4G 核心网络(evolved packet core, EPC)中存在一些网络实体，包括移动管理实体(mobility management entity, MME)、策略和计费规则功能(policy and charging rules function, PCRF)、服务网关(serving gateway, SGW)和分组数据网络网关(PDN gateway, PGW)。根据网络功能虚拟化技术，这些网络实体可以被虚拟化，网络功能虚拟化使网络功能在虚拟机集群上运行，可以显著降低能源消耗并实现网络功能的复杂性[8]，如虚拟核心网(virtual fevolved packet core, vEPC)。在文献[9]中，作者对基于网络功能虚拟化的商业 EPC进行了评估。在文献[10]中，作者将中心 MME 核心节点分散到多个副本上，并将其放在更靠近网络访问边缘的位置，以减少延迟，同时提高切换性能。

然而，目前很少有研究关注网络功能虚拟化技术与未来雾无线接入网络架构的结合。为了降低时延和信令开销，有效减轻前端、回程和骨干网络的负担，本章研究了一种集雾计算和网络功能虚拟化于一体的新型网络架构。

14.2 雾无线接入网络

图 14-1 显示了我们提出的基于网络功能虚拟化的雾无线接入网络体系架构。5G 网络意味着与各种事物的可靠连接，如智能手机、联网的汽车、传感器和嵌入式人工智能[11,12]。在雾无线接入网络中有多种可能的传输模式供它们相互连接，雾节点是雾无线接入网络独有的，它可以利用其足够的计算能力在本地实现协同无线电信号处理，并可以灵活地管理其缓存存储器。某些缓存器配备了雾节点，存储在雾节点中的内容是在本地非常流行或相关的。基于位置的移动应用程序的日益流行可能会产生大量的信息，一些社交应用程序只会在用户距离很近的情况下产生数据流量。当用户具有相同的社交兴趣或来自相同的社交群组时，可能请求几乎相同的内容。在这种情况下，雾节点可以在本地支持所请求的服务及其缓存的受欢迎内容，因此，雾用户(fog-user equipment, F-UE)在每次需要数据或内容时都不需要连接到核心网络。由于在雾节点中的缓存简化了大量的切换过程，可以减少不必要切换的开销和延迟。

传统的 EPC 由 MME、PCRF、SGW 和 PGW 组成，就像在一个盒子里装了很多复杂的功能。MME 扮演管理会话状态的角色，用于验证和跟踪用户。SGW的职责是在基站之间路由和传输用户数据包。PGW 提供了用户数据平面与外部

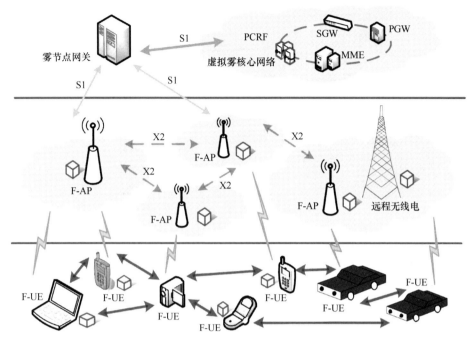

图 14-1　基于网络功能虚拟化的雾无线接入网络体系架构

网络的稳定连接。PCRF 支持对每个服务和用户的数据流检测、策略执行和实时收费。当流量需求变得越来越高时，就会产生巨大的采购、维护和升级成本。随着网络功能虚拟化技术与各种网络功能的融合，EPC 的核心网络功能作为虚拟网络功能部署，运行在数据中心的虚拟机上。在目前的网络架构中，雾节点通过雾节点网关以一组 S1 接口与虚拟 EPC 连接，同时雾节点还通过直接的 X2 接口相互连接。但是，随着虚拟化环境中管理数据数量的不断增加，警报响应延迟、性能下降、配置变化和其他异常情况将会出现。而雾无线接入网络中处理管理数据的分布式方式可能有助于更快更好地应对异常情况。总的来说，网络功能虚拟化技术的引入简化了传统 EPC 的交接处理流程。而雾无线接入网络的分布式管理框架使网络功能虚拟化在面对爆炸性数据时能够有效地执行。这就是基于 5G 网络功能虚拟化的雾无线接入网络架构，该架构集成了雾计算和虚拟化技术，可支持高移动性、低延迟和低能耗。

14.3　切换过程

雾节点之间的交接程序不同于现有的交接程序。基于网络功能虚拟化的雾无线接入网络架构的切换调用流程如图 14-2 所示。在基于网络功能虚拟化的雾无线

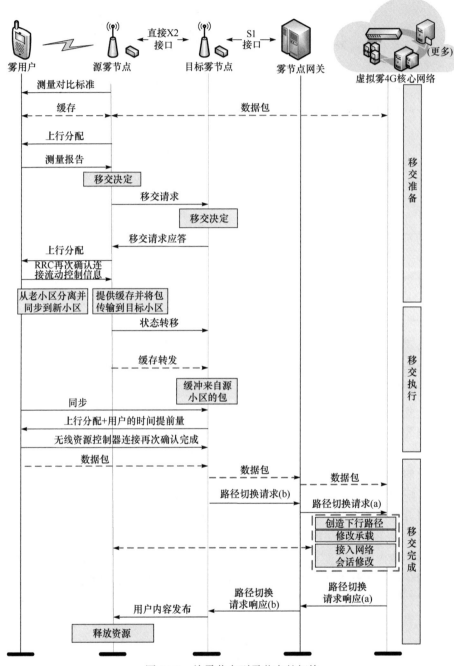

图 14-2 从雾节点到雾节点的切换

接入网络中，许多 X2 接口部署在雾节点之间。源雾节点与目标雾节点通过直接 X2 接口切换信令，流程如图 14-2 所示。其中雾无线接入网络是由网络功能虚拟化和雾计算组合部署的。利用网络边缘的高效使用率，雾节点到智能用户设备的数据传输不需要通过核心网络。源雾节点通过直接的 X2 接口向目标 F-AP 发送切换请求信令。接收控制发生在目标雾节点，然后将切换请求 ACK 信号传回源雾节点。源雾节点与目标雾节点之间的数据传输如图 14-2 所示。在传统网络中，当 MME 接收消息时，路径从目标雾节点切换到雾节点网关。然后，修改后的承载请求从 MME 转发到 SGW 和 PGW。接下来是 PCRF 中的会话修改。这些模块分别按照指定的顺序实现各自指定的功能，直到交接完成。随着网络功能虚拟化技术的引进，EPC 技术也发生了变化。vEPC 作为单一的网络功能虚拟化设备，在安全高效的工作条件下可实现多种功能。vEPC 独立工作来管理会话状态、跟踪用户和转发数据包，并通过商业服务器上运行的软件制定一些收费策略来代替传统的交接程序。因此很大一部分移交程序被取消了。

14.4　信号分析模型

本节将给出一个简单的分析模型，基于文献[13]的工作，继续研究雾节点的信号开销。在此分析模型中，如果一个用户在活动状态下跨越两个雾节点的边界，则需要从一个雾节点切换到另一个雾节点，并生成切换信令消息。智能用户设备以相等的概率移动到雾节点是移动模型的关键假设。在源雾节点和目标雾节点之间的切换中，应该考虑两种情况。图 14-3 为分析模型的时序图。

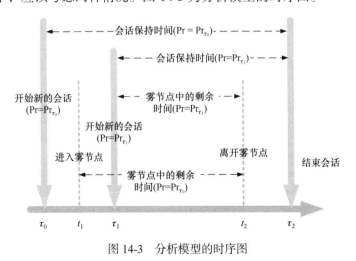

图 14-3　分析模型的时序图

在本节中，我们假设通信会话以平均速率 λ 遵循泊松过程到达智能用户设备。

在图 14-3 中，智能用户设备在两个点(τ_0 和 τ_1)有呼叫到达的两种情况，最终会话在 τ_2 结束。Pr_{τ_0} 和 Pr_{τ_1} 分别表示这两种情况的概率。t_1 是智能用户设备进入雾节点范围的时刻。在场景 1，在进入雾节点的范围之前，智能用户设备在 τ_0 时刻有一个呼叫。相比之下，智能用户设备在进入场景 2 下的雾节点的范围后，在 τ_1 时刻有一个呼叫。t_2 是智能用户设备离开当前雾节点的范围进入另一个雾节点的范围的时刻。此外，呼叫在 t_2 时刻进行。在 t_2 时刻产生两个事件的移交信息。交接发生在边界雾节点的概率为场景 1(即 Pr_{τ_0})和场景 2(即 Pr_{τ_1})的概率之和：

$$\mathrm{Pr} = \mathrm{Pr}_{\tau_0} + \mathrm{Pr}_{\tau_1} \tag{14-1}$$

我们还假设会话保持时间 T_H 会遵循均值为 $1/\alpha$ 的指数分布。同样，T_R 是 HeNB/F-AP 范围内以均值为 $1/\beta$ 呈指数分布的用户/智能用户设备停留时间。$f_{T_H}(t)$ 和 $f_{T_R}(t)$ 分别表示 T_H 和 T_R 的概率密度函数。会话保持时间和停留时间是独立的随机变量。

令 T_{Hr} 表示会话保持的剩余时间，T_{Rr} 表示用户/智能用户设备停留的剩余时间，T_{Hr} 和 T_H 以相同的均值 $1/\alpha$ 呈指数分布。同样，T_{Rr} 和 T_R 呈指数分布，均值为 $1/\beta$。基于文献[13]的假设，可以计算出场景 1(Pr_{τ_0})和场景 2(Pr_{τ_1})的概率。

传输开销是在两个节点之间传输切换消息的成本，信号处理开销是网络中每个节点处理消息的成本[14,15]。传输开销和信号处理开销的总和就是切换信号开销。雾节点相关切换的信令开销见表 14-1 和表 14-2。

表 14-1　成本参数

成本	传输开销
$T_{\text{F-UE}}^{\text{F-AP}}$	从智能设备到雾节点
$T_{\text{F-AP}}^{\text{F-AP}}$	从雾节点到雾节点
$T_{\text{F-AP}}^{\text{F-AP\_GW}}$	从雾节点到雾网关
$T_{\text{F-AP\_GW}}^{\text{vEPC}}$	从雾节点网关到 vEPC

表 14-2　信号处理成本参数

成本	信号处理开销	成本	信号处理开销
$P_{\text{F-UE}}$	在智能用户设备	$P_{\text{F-AP}}$	在雾节点
$P_{\text{F-AP\_GW}}$	在雾节点网关	P_{vEPC}	在 vEPC

各场景下雾节点相关切换的信号开销如下：

$$O = \mathrm{Pr} \times \left(\sum T_n^m + \sum P_K \right) \tag{14-2}$$

式中，Pr 是场景中切换的概率；$\sum T_n^m + \sum P_K$ 是场景中的信号开销。

14.5　仿真结果与分析

为了验证所提出的网络架构的性能，我们利用 14.4 节中提出的信令分析模型，比较了所提出的基于网络功能虚拟化的雾无线接入网络架构与传统架构在不同场景下的系统信令开销。传输开销和信号处理开销可以定义为与发送和处理信令消息所需的时间成比例。我们假设开销参数没有单位，具体地，我们使用了表14-3 中的参数。

表 14-3　参数配置

参数	数值	参数	数值
$T_{\mathrm{F-UE}}^{\mathrm{F-AP}}$	2	$P_{\mathrm{F-UE}}$	32
$T_{\mathrm{F-AP}}^{\mathrm{F-AP}}$	2	$P_{\mathrm{F-AP}}$	2
$T_{\mathrm{F-AP}}^{\mathrm{F-AP\_GW}}$	2	$P_{\mathrm{F-AP\_GW}}$	2
$T_{\mathrm{F-AP\_GW}}^{\mathrm{vEPC}}$	8	P_{vEPC}	5

我们进行了计算机模拟，以比较基于网络功能虚拟化的雾无线接入网络切换过程与传统长期演进(long term evolution, LTE)网络在系统信号开销方面的性能。图 14-4 显示了信号开销与平均会话到达率 λ 的关系，$1/\alpha = 2$，$1/\beta = 2$。我们可以发现，随着平均会话到达率的增加，在提出的雾节点切换中，信号开销持续增加。这是因为随着会话到达率的增加，会产生更多的移交事件。随着数据量的增加，提出的分布式雾无线接入网络在处理数据流量方面表现良好。它通过单一的网络功能虚拟化有效地工作，这些有助于大幅度减少信号开销。在平均会话到达率为 0.5 的情况下，提出的切换方案的信号开销可以低至传统 LTE 网络的 65%。

图 14-5 显示了信号开销与平均保持时间的对比，λ 值设置为 0.1。如图所示，总信号开销随着平均保持时间的增加而增加。这是因为较长的会话保持时间增加了引入较高的小区边界交叉和移交的可能性。同时，在提出的基于网络功能虚拟化的雾无线接入网络中的信号开销比传统的 LTE 网络小。此外，可以看出，传输开销和信号处理开销分别与传输时延和信号处理时延密切相关。换句话说，采用网络功能虚拟化技术和雾计算切换系统的时延性能优于传统 LTE 网络。

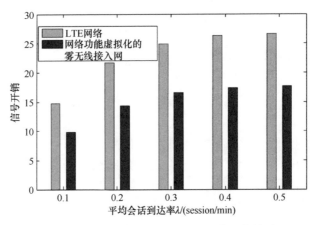

图 14-4　信号开销与平均会话到达率 λ 的关系

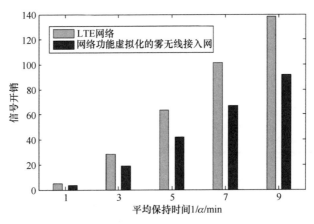

图 14-5　信号开销与平均保持时间 1/α 的关系

14.6 总 结

　　本章提出了一种集雾计算和网络功能虚拟化为一体的新型网络体系架构。同时,一种新的转接信号过程也被设计用于雾无线接入网络系统中。根据直接 X2 接口的切换过程,利用 14.4 节的分析模型对该信号开销进行了评估,与传统 LTE 网络相比,提出的切换方案具有更好的性能,即它的信号成本仅为 LTE 网络的 65%。

参 考 文 献

[1] IMT-2020 (SG) 推进组. 5G 愿景与需求. (2014-05-29) [2018-09-17]. https://wenku.baidu.com/view/2fce9da9941ea76e58fa048d.html.

[2] Zhang H J, Dong Y J, Cheng J L, et al. Fronthauling for 5G LTE-U ultra dense cloud small cell

networks. IEEE Wireless Communications, 2016, 23(6): 48-53.

[3] Soldaniz D, Mazalini A. 5G: The nervous system of the true digital society. IEEE COMSOC MMTC E-Letter, 2014, 9(5): 5-9.

[4] Zhang H J, Du J L, Cheng J L, et al. Resource allocation in SWIPT enabled heterogeneous cloud small cell networks with incomplete CSI. Proceedings of IEEE Global Communications Conference, London, 2017: 4-8.

[5] Hung S C, Hsu H, Lien S Y, et al. Architecture harmonization between cloud radio access networks and fog networks. IEEE Access, 2015, 3(2): 3019-3034.

[6] Qiu Y, Zhang H J, Long K, et al. Improving handover of 5G networks by network function virtualization and fog computing. Proceedings of IEEE/CIC International Conference on Communications in China, Qingdao, 2017: 1-5.

[7] Zhang H J, Wen X M, Wang B, et al. A novel handover mechanism between femtocell and macrocell for LTE based networks. Proceedings of IEEE International Conference on Communication Software and Networks, Singapore, 2010: 228-231.

[8] Hawilo H, Shami A, Mirahmadi M, et al. NFV: State of the art, challenges, and implementation in next generation mobile networks. IEEE Network, 2014, 28(6): 18-26.

[9] Hirschman B, Mehta P, Ramia K B, et al. High-performance evolved packet core signaling and bearer processing on general-purpose processors. IEEE Network, 2015, 29(3): 6-14.

[10] An X, Pianese F, Widjaja I, et al. DMME: A distributed LTE mobility management entity. Bell Labs Technical Journal, 2012, 17(2): 97-120.

[11] Zhang H J, Huang S, Jiang C X, et al. Energy efficient user association and power allocation in millimeter wave based ultra dense networks with energy harvesting base stations. IEEE Journal on Selected Areas in Communications, 2017, 35(9): 1936-1947.

[12] Zhang H J, Liu N, Chu X L, et al. Network slicing based 5G and future mobile networks: Mobility, resource management, and challenges. IEEE Communications Magazine, 2017, 55(8): 138-145.

[13] Zhang H J, Zheng W, Wen X M, et al. Signalling overhead evaluation of HeNB mobility enhanced schemes in 3GPP LTE-Advanced. Proceedings of IEEE Vehicular Technology Conference, Budapest, 2011: 1-5.

[14] Xie J, Narayanan U. Performance analysis of mobility support in IPv4/IPv6 mixed wireless networks. IEEE Transactions on Vehicular Technology, 2010, 59(2): 962-973.

[15] Arshad R, Elsawy H, Sorour S, et al. Handover management in 5G and beyond: A topology aware skipping approach. IEEE Access, 2016, 4(6): 9073-9081.

第15章　保证 QoS 的多小区网络中基于势博弈的协同干扰管理

15.1　引　　言

在过去的几十年中，技术革命席卷了无线通信世界。然而在发展过程中，无线通信技术也面临许多挑战。其中最重要的问题之一是异构业务需求与频谱资源稀缺之间的矛盾。因此，频谱复用被广泛用于无线蜂窝网络中。但是，由于每个基站共享相同的频谱资源，由相邻基站引起的小区间干扰成为主要干扰，并影响系统的吞吐量性能，因此小区间干扰严重损害了系统的性能[1]。在无线多小区网络中，正交频分多址被提出作为一种有前途的多址方案[2,3]。近年来，基于正交频分多址的小区间干扰缓解技术引起了很多关注[4]。

一些研究者提出了多小区协作处理(multi-cell cooperative processing, MCP)来减轻小区间干扰[5]。在文献[6]中，研究表明，如果用户可以实时共享数据和信道信息，则相邻基站可以充当分布式天线阵列，为同信道用户提供服务。在文献[7]中，作者提出了一种基于博弈论的上行正交频分多址系统中的多小区功率分配算法。在文献[8]中，作者提出了一种多小区改进的迭代注水算法，以最大化用户的吞吐量。就基站的距离而言，每个用户都有不同的优先级。在文献[9]中，作者研究了坐标范围和系统性能之间的关系。在文献[10]中，作者基于改进的迭代注水(improved iterative water-filling, I-IWF)，在基站发射功率的约束下，研究如何优化系统的性能。在文献[11]中，作者回顾了基站协调技术。然而，在以上研究中没有考虑用户的服务质量。

QoS 在无线网络的性能评估中起着重要作用。为了避免浪费资源，应考虑异构 QoS 要求。因此，本章提出了一种基于势博弈并具有 QoS 保证的资源分配方案(resource allocation with QoS guarantee based on potential game, RAQG-PG)。具体地：①我们考虑了 QoS 的保证，同时，本章提出了实时信道质量信息(channel quality information, CQI)反馈；②在定价机制的帮助下，考虑了用户效用和相邻基站的干扰之间的权衡，此外，势博弈被用来分析优化问题；③利用改进的梯度投影响应和雅可比迭代序列来解决优化问题。此外，引入了"无组织状态的价格"标准来评估算法的帕累托最优。同时，与传统方案相比，仿真结果表明我们提出的方案可以显著减轻小区间干扰，提高系统吞吐量。

15.2　问 题 建 模

在下行链路正交频分多址网络中有 M $(M \geqslant 2)$ 个协作基站，它们具有通用的频率复用功能，在每个基站中，总带宽 B 分为 N 个子信道。图 15-1 显示了下行链路基站协调模型，用户可以从协调基站接收信号。为了简化模型，我们考虑一种情况，即每个用户仅由一个基站服务，这由给定时刻的信道质量测量确定。但是，在用户选择和功率分配中应考虑来自其他基站的干扰。协调的基站可以共同确定：①用户的子信道分配；②功率分配；以在子信道和功率约束下最大化系统效用。

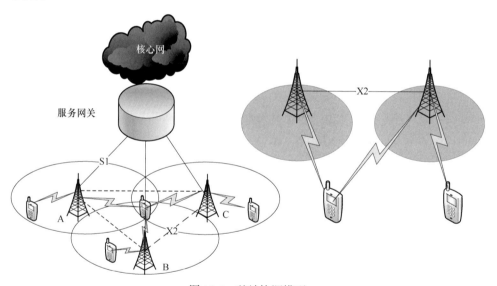

图 15-1　基站协调模型

15.2.1　系统模型

如果用户 k 在子信道 n 上与基站 m 连接，则用户 k 的 SINR 由下式给出：

$$\text{SINR}_{m,k}^{n} = \frac{\left|H_{m,k}^{n}\right|^{2} p_{m}^{n}}{Z_{k}^{n} + \sum_{j=1, j \neq m}^{M} \left|H_{j,k}^{n}\right|^{2} p_{j}^{n}} \tag{15-1}$$

式中，$H_{j,k}^{n}$ $(j = 1, 2, \cdots, M)$ 是子信道 n 上基站 j 与用户 k 之间的信道增益；p_{m}^{n} 是在

基站 m 的子信道 n 上分配的功率。令 $\boldsymbol{p}^n = \left[p_1^n, p_2^n, \cdots, p_m^n \right]$, $\boldsymbol{p} = \left[\boldsymbol{p}^1, \boldsymbol{p}^2, \cdots, \boldsymbol{p}^n \right]$。

$\sum\limits_{j=1, j\neq m}^{M} \left| H_{j,k}^n \right|^2 p_j^n$ 是小区间干扰, Z_k^n 是对应的噪声功率。令 $G_{j,k}^n = \dfrac{\left| H_{j,k}^n \right|^2}{Z_k^n}$ 表示子信

道 n 上基站 j 与用户 k 之间的总信道增益, 因此式(15-1)可以转换为

$$\Gamma_{m,k}^n = \mathrm{SINR}_{m,k}^n = \frac{p_m^n G_{m,k}^n}{1 + \sum\limits_{j=1, j\neq m}^{M} G_{j,k}^n p_j^n} \tag{15-2}$$

相应可达到的信息速率由式(15-3)给出:

$$R_{m,k}^n = \frac{B}{N} \log_2 \left(1 + \frac{p_m^n G_{m,k}^n}{1 + \sum\limits_{j=1, j\neq m}^{M} G_{j,k}^n p_j^n} \right) \tag{15-3}$$

15.2.2　具有定价因子的效用函数

每个用户都希望通过获取更多的发射功率来提高吞吐量, 但是任何功率的增加都会对其他用户造成干扰并降低其效用。在分配过程中, 我们不仅要追求效用最大化, 还要考虑对其他用户的干扰[11]。因此, 本节提出了一种基于定价机制的系统效用函数。

我们将 U 定义为系统可达到的瞬时数据速率, 由式(15-4)给出:

$$\begin{aligned}
U &= \sum_{m=1}^{M} \sum_{n=1}^{N} \left(R_{m,k}^n - \lambda_k p_m^n \right) \\
&= \sum_{m=1}^{M} \sum_{n=1}^{N} \left(\frac{B}{N} \log_2 \left(1 + \frac{p_m^n G_{m,k}^n}{1 + \sum\limits_{j=1, j\neq m}^{M} G_{j,k}^n p_j^n} \right) - \lambda_k p_m^n \right)
\end{aligned} \tag{15-4}$$

式中, $\lambda_k p_m^n$ 是定价函数, 而 λ_k 是定价因子。每个子信道上的最大发射功率为 $p_{\max}$。考虑到异构业务对 QoS 的要求不同, 我们假设用户 k 的服务质量保证率为 R_k^Q, 这意味着用户 k 的正常工作条件是用户 k 的速率必须大于或等于 R_k^Q。那么优化问题可以表示为

$$
\begin{cases}
\max U = \max \sum_{m=1}^{M} \sum_{n=1}^{N} \left(R_{m,k}^n - \lambda_k p_m^n \right) \\[2mm]
= \max \sum_{m=1}^{M} \sum_{n=1}^{N} \dfrac{B}{N} \log_2 \left(1 + \dfrac{p_m^n G_{m,k}^n}{1 + \sum\limits_{j=1, j \neq m}^{M} G_{j,k}^n p_j^n} \right) - \lambda_k p_m^n \\[2mm]
R_k \geqslant R_k^Q, \forall k \\[1mm]
p_m^n \leqslant p_{\max}, \forall m, \forall n
\end{cases}
\tag{15-5}
$$

式中，R_k 是用户 k 的瞬时速率。为了解决这个复杂的约束问题，我们的方案是基于势博弈将集中优化问题转化为分布式优化问题，然后证明纳什均衡的存在性和唯一性。

15.3　基于势博弈的资源分配

15.3.1　势博弈

考虑一种策略博弈 $\xi = \left\{ N, X, \{\Phi_i\}_{i \in N} \right\}$，其中 N 是博弈人数。$X \subseteq \mathbb{R}^{mN}$ 是纯策略的集合和 $\boldsymbol{x} = \left[\boldsymbol{x}_1^{\mathrm{T}}, \cdots, \boldsymbol{x}_N^{\mathrm{T}} \right]^{\mathrm{T}} \in X$，其中，长度向量 $\boldsymbol{x}_i$ 代表博弈者 i 的策略。函数 $\Phi_i : X \to \mathbb{R}$ 是博弈者 i 的收益，它取决于所有博弈者的策略。集合 X 可以写成每个博弈者策略集合 X_i 的笛卡儿积，即 $X = X_1 \times \cdots \times X_N$。每个博弈者 i 旨在将其策略 $\boldsymbol{x}_i$ 限制为 X_i 的子集，表示为 $X_i(\boldsymbol{x}_{-i}) = \{ \boldsymbol{x}_i \in X_i \,|\, (\boldsymbol{x}_i, \boldsymbol{x}_{-i}) \in X \}$，取决于策略 $\boldsymbol{x}_{-i}$，即由其他博弈者选择。精确势博弈的定义在下面给出。

定义 15-1　如果存在对所有 $i \in N$ 和 $(\boldsymbol{x}_i, \boldsymbol{x}_{-i}), (\boldsymbol{y}_i, \boldsymbol{x}_{-i}) \in X$ 的函数 $P : X \to \mathbb{R}$，则策略博弈 $\xi = \left\{ N, X, \{\Phi_i\}_{i \in N} \right\}$ 被称为精确势博弈：

$$
\Phi_i(\boldsymbol{x}_i, \boldsymbol{x}_{-i}) - \Phi_i(\boldsymbol{y}_i, \boldsymbol{x}_{-i}) = P(\boldsymbol{x}_i, \boldsymbol{x}_{-i}) - P(\boldsymbol{y}_i, \boldsymbol{x}_{-i})
\tag{15-6}
$$

特别地，如果收益函数是可微且连续的，则式(15-6)可以转换为以下形式：

$$
\frac{\mathrm{d}\Phi_i}{\mathrm{d}\boldsymbol{x}_i} = \frac{\mathrm{d}P}{\mathrm{d}\boldsymbol{x}_i}
\tag{15-7}
$$

15.3.2　通过元素映射的势函数

下面将讨论势博弈下的资源分配。相关元素和策略的含义在表 15-1 中表示。效用函数可以表示为

$$u_m = R_{m,s}^n - \lambda_k p_m^n$$

$$= \frac{B}{N} \log_2 \left(1 + \frac{p_m^n G_{m,k}^n}{1 + \sum_{j=1, j \neq m}^{M} G_{j,k}^n p_j^n} \right) - \lambda_k p_m^n \tag{15-8}$$

表 15-1　从资源分配映射到势博弈

博弈元素	资源分配元素
博弈	功率分配
参与者	邻近基站子信道
策略	基站发射功率
支付功能	子信道效能功能
偏好决定	梯度投影

我们将 $\Lambda = \langle M, \Omega, \{u_m\}_{m \in M} \rangle$ 定义为具有有限数量(M)个博弈者的势博弈。设 $\Omega = \{p^n\}, n \in \{1, 2, \cdots, N\}$ 为可选策略的集合，即表示为博弈者的发射功率的集合。博弈者 m 的效用函数由 u_m 表示。

势函数可以表示为

$$\Phi = \frac{B}{N} \log_2 \left(1 + \sum_{m=1}^{M} p_m^n G_{m,k}^n \right) - \sum_{m=1}^{M} \lambda_k p_m^n \tag{15-9}$$

接下来，我们将证明势博弈是精确势博弈。

证明： u_m 和 Φ 相对于 p_m^n 的一阶导数分别是

$$\frac{\mathrm{d}u_m\left(p^n\right)}{\mathrm{d}p_m^n} = \frac{BG_{m,k}^n}{N \ln 2 \left(1 + \sum_{m=1}^{M} G_{m,k}^n p_m^n \right)} - \lambda_k \tag{15-10}$$

$$\frac{\mathrm{d}\Phi\left(p^n\right)}{\mathrm{d}p_m^n} = \frac{BG_{m,k}^n}{N \ln 2 \left(1 + \sum_{m=1}^{M} G_{m,k}^n p_m^n \right)} - \lambda_k \tag{15-11}$$

我们可以得到以下等式：

$$\frac{\mathrm{d}u_m\left(p^n\right)}{\mathrm{d}p_m^n} = \frac{\mathrm{d}\Phi\left(p^n\right)}{\mathrm{d}p_m^n}, \quad \forall m \in M, p^n \in \Omega \tag{15-12}$$

因此，$\Lambda = \left\langle M,\Omega,\{u_m\}_{m\in M}\right\rangle$ 是一个精确的势博弈。

命题 1：博弈中存在一个纳什均衡，并且纳什均衡是唯一的。

证明：博弈中的参与者人数是有限的，每个子信道都有最大发射功率限制 $p_{\max}$。因此，势博弈 Λ 是有限的并且存在纳什均衡，因为任何有限的精确势博弈都有一个纯策略纳什均衡。显然，$\Phi\left(p^n\right)$ 是一个连续且可微的函数，在 Ω 上有严格的凹面，因此纳什均衡是唯一的[12]。

15.3.3　QoS 保证的资源分配设计

本节提出了一种资源分配策略。同时，基于改进的梯度投影响应，给出了保证用户服务质量的资源分配算法。博弈分为两个阶段：具有服务质量保证的子信道分配和改进的梯度投影下的动态功率分配。子信道分配方案由式(15-13)给出：

$$
\begin{cases}
k(m,n) = \arg\max u_m, \forall m, \forall n \\[2mm]
\displaystyle\sum_{n\in N_k}\frac{B}{N}\log_2\left(1+\frac{p_m^n G_{m,k}^n}{1+\displaystyle\sum_{j=1,j\neq m}^{M} G_{j,k}^n p_j^n}\right) - R_k^Q \geqslant 0
\end{cases}
\tag{15-13}
$$

式中，$k(m,n)$ 表示将基站 m 的第 n 个子信道分配给用户 k。子信道分配的过程可以概括如下：①根据第一个子方程进行用户选择；②如果用户满足第二个子方程，则最终将子信道分配给用户。否则，请放弃该用户并将子信道分配给其他用户。

在子信道分配之后，该问题转换为功率分配问题。在下面的内容中，改进的梯度投影算法和雅可比迭代序列被用于更新发射功率。博弈者按照以下顺序更新策略：

$$
x_m^{l+1} = D_m\left(x_1^l,\cdots,x_{m-1}^l,x_m^l,x_{m+1}^l,\cdots,x_M^l\right)
\tag{15-14}
$$

式中，x_m 是博弈者 m 的可选策略；l 是当前迭代数。

在改进的梯度投影规则下更新发射功率：

$$
p_m^{n(l+1)} = \left[p_m^{n(l)} + \rho_v \nabla u_m\left(p_m^{n(l)}, p_{-m}^{n(l)}\right)\right]_{\Omega_m\left(p_{-m}^{m(l)}\right)}
\tag{15-15}
$$

式中，$[a]_{\Omega_m\left(p_{-m}^{n(l)}\right)}$ 是集合 $\Omega_m\left(p_{-m}^{n(l)}\right)$ 上 a 的欧氏投影；$p_m^{n(l+1)}$ 是第 $l+1$ 个功率；ρ_v 是在式(15-16)中定义的可变步长。设定 p_{-m}^n 为其他参与者的策略，ρ_v 可以表示为

$$
\rho_v = \left(w_{\max} - \frac{w_{\max} - w_{\min}}{L_{\max}}l\right)\rho_c
\tag{15-16}
$$

式中，w_{max} 是线性因子的最大值；w_{min} 是最小值；L_{max} 是总迭代次数；l 是当前迭代次数；ρ_c 是恒定步长。∇u_m 是效用函数的梯度，我们可以重写式(15-16)如下：

$$
\begin{cases}
p_m^{n(l+1)} = [a]_{\Omega_m\left(p_{-m}^{n(l)}\right)} \\
a = p_m^{n(l)} + \rho_v \left(\dfrac{BG_{m,k}^n}{N\ln 2\left(1+\sum\limits_{m=1}^{M} G_{m,k}^n p_m^{n(l)}\right)} - \lambda_k \right)
\end{cases}
\tag{15-17}
$$

根据以上分析不难得出，可以根据式(15-17)来更新同子信道的发送功率，并且可以根据式(15-13)通过子信道分配来更新。同时，根据式(15-2)在每次迭代内更新信道质量信息，直到所有解收敛为止。算法流程总结如下。

算法 15-1 资源分配算法

---

1. RCRG-PG 算法

2. 初始化 L_{max} 同时设置 $l=0$；

3. 初始化 p 并根据式(15-13)计算 $k(m,n)$；

4. 根据式(15-2)计算 $\dfrac{p_m^n G_{m,k}^n}{1+\sum\limits_{j=1,j\neq m}^{M} G_{j,k}^n p_j^n}$；

5. repeat

6.　　根据式(15-17)更新 p；

7.　　for $m=1$ to M

8.　　　for $n=1$ to N

9.　　　　通过式(15-13)的第一个子式更新 $k(m,n)$；

10.　　　end

11.　　　判断是否满足：

$$
\sum_{m=1}^{M}\sum_{n\in N_k} \frac{B}{N}\log_2\left(1+\frac{p_m^n G_{m,k}^n}{1+\sum\limits_{j=1,j\neq m}^{M} G_{j,k}^n p_j^n}\right) - R_k^Q \geqslant 0
$$

12.　　　否则，选择次优用户。

13.　　end

14.　更新 $\dfrac{p_m^n G_{m,k}^n}{1 + \displaystyle\sum_{j=1, j \neq m}^{M} G_{j,k}^n p_j^n}$ 并设置 $l = l+1$；

15. until 收敛或 $l = L_{\max}$。

15.4　仿真结果与分析

15.4.1　仿真模型

在此仿真中，我们采用了文献[7]中的仿真模型。我们设定一个由 49 个小区和 7 个中心小区组成的蜂窝式正交频分多址系统。其余的 42 个基站被视为未协调的其他小区干扰(other cell interference, OCI)的来源。相邻基站的距离为 2000m，用户分别在基站内外半径为 500m 和 1100m 的环形空间内均匀分布。

本章利用文献[7]中描述的信道模型进行建模分析。从基站 m 到用户 k 的基带衰落信道被建模为有限脉冲响应滤波器，其中 $L = 6$ 个等间隔抽头。$\left|Z_k^n\right|^2$ 是相应的噪声功率，包括两个部分：热噪声功率和小区干扰。我们使用试错法将定价因子 λ_k 设置为 10^{-4}。主要参数列于表 15-2 中。

表 15-2　仿真参数

参数	数值
小区间距离	2000m
系统带宽 B	1MHz
热噪声	20dBm
子信道 $p_{\max}$	28dBm
信道数 N	161
每个基站用户数	5

15.4.2　绩效分析

表 15-3 中定义了三个不同的 QoS 阈值。在图 15-2 中，我们在 QoS1 的条件下，将我们的算法与文献[10]中提到的改进的迭代注水算法进行了比较，显示了系统吞吐量与迭代次数之间的关系。结果表明，该方案显著提高了系统吞吐量。此外，我们还研究了三个服务质量组的系统性能。显然，系统吞吐量从 QoS3 下降到 QoS1，其具体原因将在下面讨论。

表 15-3　QoS 等级

QoS 阈值	高/(Mbit/s)	中/(Mbit/s)	低/(Mbit/s)
QoS1	2.4	1.6	0.4
QoS2	1.6	0.8	0.4
QoS3	0.8	0.4	0

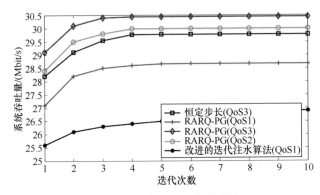

图 15-2　方案之间的容量差异

恒定步长方案也显示在图 15-2 中，其中 $\rho_c = 0.1$，$w_{max} = 1.4$，$w_{min} = 0.4$，$L_{max} = 10$。结果表明，步长可变的方案比步长恒定的方案能获得更好的系统性能。这是因为在迭代开始时，RAQG-PG 方案在全局步长较大的情况下确定优化的增长方向，然后转换为较小步长的精确搜索值。可变步长的良好属性保证了算法的快速准确收敛。

图 15-3 显示了不同 QoS 要求的中断概率。可以看出，中断概率随着服务质量阈值的增加而增加。由于用户无法在高 QoS 阈值下正常工作而不能够达到其QoS 要求，数据传输将被中断。因此，将子信道分配给次优用户，并且系统的吞

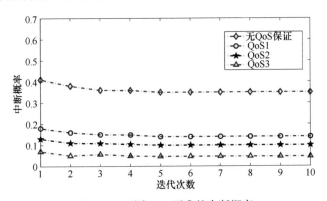

图 15-3　不同 QoS 要求的中断概率·

吐量降低。这与图 15-2 中的结果一致。图 15-3 还显示了没有 QoS 保证的方案，并且 RAQG-PG 方案获得了最佳的系统性能。

15.4.3 帕累托优化分析

本节提出了"无组织状态的价格"来衡量准最优效率[13]。在本章中，目标函数可以定义为基站中指定子信道的总和。

$$T_{\mathrm{obj}}(P) = \sum_{m=1}^{M} \frac{B}{N} \log_2 \left(1 + \frac{p_m^n G_{m,k}^n}{1 + \sum_{j=1, j \neq m}^{M} G_{m,k}^n p_j^n} \right) \tag{15-18}$$

如果我们将 P^e 定义为均衡的幂集，而 P^o 定义为最大幂集，则

$$T_{\mathrm{obj}}\left(P^o\right) = \max\left(T_{\mathrm{obj}}(P)\right) \tag{15-19}$$

势博弈的效率可以表示为

$$\mathrm{POA} = \frac{T_{\mathrm{obj}}\left(P^e\right)}{T_{\mathrm{obj}}\left(P^o\right)} \tag{15-20}$$

如果式(15-20)的值等于或接近 1，则准最优效率是完美的。如图 15-4 所示，改进的梯度投影准则可以指导博弈经过 4~5 次迭代达到纳什均衡，并在价格机制的帮助下达到准最优。

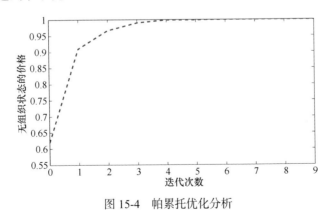

图 15-4 帕累托优化分析

15.5 总　　结

本章提出了一种在多小区正交频分多址网络中基于势博弈的具有 QoS 保证

的资源分配方案。在此方案中，可以通过基站之间的协调来减轻小区间干扰，并且在选择用户的同时考虑了用户的 QoS 保证。我们还通过定价机制找到了效用和成本之间的最佳权衡，并提出了势博弈来解决这个问题。同时采用具有可变步长和雅可比迭代序列的梯度投影响应来找到最佳解。最后通过仿真结果表明了该方案的有效性。

参 考 文 献

[1] Zhang H J, Chu X L, Ma W M, et al. Resource allocation with interference mitigation in OFDMA femtocells for co-channel deploymenta. EURASIP Journal on Wireless Communications and Networking, 2012, 1(1): 289-301.

[2] Liu L, Qu D M, Jiang T, et al. Coordinated user scheduling and power control for weighted sum throughput maximization of multicell network. Proceedings of Global Telecommunications Conference, Miami, 2010: 1-10.

[3] Zhang H J, Xing H, Chu X L, et al. Secure resource allocation for OFDMA two-way relay networks. Proceedings of IEEE Globe Communications Conference, California, 2012: 3649-3654.

[4] Zhao J, Zhang H J, Lu Z M, et al. Coordinated interference management based on potential game in multicell OFDMA networks with diverse QoS guarantee. Proceedings of IEEE Vehicular Technology Conference (VTC Spring), Seoul, 2014: 1-5.

[5] Karakayali M K, Foschini G J, Valenzuela R A. Network coordination for spectrally efficient communications in cellular systems. IEEE Wireless Communications, 2006, 13(4): 56-61.

[6] Zhang T K, Zeng Z M, Feng C Y, et al. Uplink power allocation for interference coordination in multi-cell OFDM systems. Proceedings of Communications and Networking in China, Hangzhou, 2008: 716-720.

[7] Venturino L, Prasad N, Wang X D. Coordinated scheduling and power allocation in downlink multicell OFDMA networks. IEEE Transactions on Vehicular Technology, 2009, 58(6): 2835-2848.

[8] Zhang J, Chen R H, Andrews J G, et al. Networked MIMO with clustered linear precoding. IEEE Transactions on Wireless Communications, 2009, 8(4): 1910-1921.

[9] Xie X Z, Le W J. Reserch envolution in inhibition of interference in MIMO cellular base on multi-base station coordinated process. Digital Communication, 2009, 36(3): 13-19.

[10] Venturino L, Prasad N, Wang X D. An improved iterative water-filling algorithm for multi-cell interference mitigation in downlink OFDMA networks. Signals, Systems and Computers, 2007, 4(7): 1718-1722.

[11] Candogan U O, Menache I, Ozdaglar A, et al. Near-optimal power control in wireless networks: A potential game approach. Proceedings of IEEE International Conference on Computer Communications, San Diego, 2010: 1-9.

[12] Monderer D, Shapley L. Potential games. Games and Economics Behavior, 1996, 14(1): 124-143.

[13] Goemans M, Mirrokni V, Vetta A. Sink equilibria and convergence. Proceedings of the 46th Annual IEEE Symposium on Foundations of Computer Science, Pittsburgh, 2005: 142-151.

第16章 异构小蜂窝网络中基于 超模博弈的功率分配

16.1 引　　言

随着越来越多的智能移动设备接入网络，频谱资源也越来越稀缺，这为宏蜂窝网络带来了巨大的挑战[1]。小蜂窝的部署可以减轻宏蜂窝的流量过载并增加系统容量[2]。但由于同层干扰和跨层干扰的影响，网络容量和服务质量将严重下降[3]。

在 OFDMA 频谱共享网络中[4]，已经进行了许多基于博弈论[5,6]的研究来减轻干扰并提高能量效率。在文献[7]中，研究了能量效率和 QoS 以最大化系统性能，并通过超模博弈论研究了功率分配。在文献[8]中，提出了具有统计 QoS 保证的能量效率优化问题，并介绍了基于斯塔克尔伯格博弈框架的 Q 学习算法。此外，为了解决认知无线网络中的非合作式功率分配问题，文献[9]提出了多参与者的多智能体 Q 学习方法。在文献[10]中，提出了一种用于小蜂窝网络的分布式协作下行链路功率分配算法，以最大化网络总容量，其中基站之间通过交换和总容量估计值有关的信息来进行合作。在文献[11]中，研究了一种非合作博弈，通过更新次要信号的功率来优化功率分配。在文献[12]中，考虑到电路功耗、有限的回程容量和最低要求的数据速率，提出了联合基站迫零波束成形的非凸优化问题。在文献[13]和[14]中，针对异构网络具体研究了高能量效率的功率分配。在文献[15]中，考虑了小蜂窝服务的用户数量，同时又满足了 SINR 的要求。

在本章中，我们基于超模博弈和多智能体 Q 学习算法，通过考虑时延感知的 QoS 要求、有效容量、总电路功耗和能量效率，研究了异构小蜂窝网络中的功率分配。

16.2　系统模型和问题建模

16.2.1　系统模型

在本章中，我们重点研究 OFDMA 小蜂窝网络中下行链路的功率分配。我们考虑一个单用户的宏蜂窝和 K 个包含 F 个用户的小蜂窝。OFDMA 系统的带宽为 B，分为 N 个子信道。小蜂窝与宏蜂窝共享 N 个子信道，在一个子信道上每次只有一个用户可以接入小蜂窝。

$SU_{k,f}$ 代表小蜂窝网络中小蜂窝 k 的链路 f，其中 $k \in \{1,2,\cdots,K\}$，$f \in \{1,2,\cdots,F\}$。因为一个小蜂窝每次只服务一个用户，所以我们将小蜂窝基站 k 在子信道 n 上的发射功率表示为 p_k^n。用 $g_{k,k,f}^n$ 表示从小蜂窝基站 k 到用户 f 在子信道 n 上的信道功率增益，用 $g_{j,k,f}^n$ 表示从小蜂窝基站 j 到用户 f 在子信道 n 上的信道功率增益。

第 k 个小蜂窝中第 f 个链路和第 n 个子信道的接收 SINR 由式(16-1)给出：

$$\gamma_{k,f}(p_k^n, P_{-k}^n) = \frac{g_{k,k,f}^n p_k^n}{\sigma^2 + \phi_{k,f}^{\mathrm{PU}^n} + \sum_{j \in K \setminus \{k\}} g_{j,k,f}^n p_j^n} \tag{16-1}$$

式中，$\phi_{k,f}^{\mathrm{PU}^n}$ 是宏基站在子信道 n 上引起的跨层干扰；σ^2 是加性高斯白噪声方差；P_{-k}^n 是除去第 k 个用户后其他用户的功率合集。

根据香农容量公式，小蜂窝 k 中子信道 n 上的用户 f 在时间 T_f 内的接收数据速率为

$$r_{k,f}^n(p_k^n, P_{-k}^n) = T_f B \log_2(1 + \gamma_{k,f}^n) \tag{16-2}$$

16.2.2 有效容量

QoS 被认为可以保证小蜂窝用户的时延，因为某些服务对时延有严格要求[7]。因此，我们引入时延因子并重新定义了数据速率 $R_{k,f}^n(p_k^n, P_{-k}^n)$。

设 $I_{k,f}^n$ 为其他小蜂窝和宏蜂窝对小蜂窝 k 的干扰，并假设每个子信道的条件相同，并且每个子信道的 SINR 等于

$$\frac{p_k^n g_{k,k,f}^n}{I_{k,f}^n + \sigma^2} = \frac{p_k^m g_{k,k,f}^m}{I_{k,f}^m + \sigma^2}, \quad \forall m,n \in \{1,2,\cdots,N\}, m \neq n \tag{16-3}$$

小蜂窝 k 中用户 f 的总数据速率为

$$R_{k,f} = \sum_{n=1}^{N} r_{k,f}^n = K r_{k,f}^n \tag{16-4}$$

设 $\theta_{k,f}$ 为用户 f 的 QoS 指数，用户 f 的时延约束可通过时延界限 $D_{k,f}^{\max}$ 和稳态时延违反概率来指定[16]。在数学上，稳态时延违反概率被描述为

$$\Pr(D_{k,f} \geqslant D_{k,f}^{\max}) \approx \mathrm{e}^{-c\theta_{k,f} D_{k,f}^{\max}} \tag{16-5}$$

式中，$D_{k,f}$ 是用户 f 的时延；c 是常数。我们可以推断出，$\theta_{k,f}$ 越大，时延要求

变得越严格。我们假设小蜂窝的服务过程是遍历且不相关的离散时间随机过程。小蜂窝 k 可以支持用户 f 的最大数据速率称为有效容量，其定义为

$$
\begin{aligned}
E_c^{k,f}(\theta_{k,f}) &= \frac{-1}{\theta_{k,f}} \ln E(e^{-\theta_{k,f} R_{k,f}}) \\
&= \frac{-1}{\theta_{k,f}} \ln E(e^{-\theta_{k,f} K r_{k,f}^n}) = \frac{-K}{\theta_{k,f}} \ln E(e^{-\theta_{k,f} r_{k,f}^n})
\end{aligned} \tag{16-6}
$$

式(16-3)表明每个子信道上的发射功率是线性的，所以小蜂窝 k 的发射功率可以表示为

$$
p_k^m = \frac{p_k^n g_{k,k,f}^n}{I_{k,f}^n + \sigma^2} \frac{I_{k,f}^m + \sigma^2}{g_{k,k,f}^m} \tag{16-7}
$$

小蜂窝 k 中的总下行链路发射功率可以表示为 $P_k = \sum\limits_{m=1}^{N} p_k^m$。由于电路功率 p_c 和发射功率 p_f 对能量效率都是很关键的，因此小蜂窝 k 中的总下行链路发射功率可以表示为 $P_k = \sum\limits_{m=1}^{N} p_k^m$，我们将有效容量与小蜂窝总功耗之比定义为能量效率，即

$$
\begin{aligned}
E_{ee}^{k,f} &= \frac{E_c^{k,f}(\theta_{k,f})}{T_f(P_k + p_c)} = \frac{\dfrac{-K}{\theta_{k,f}} \ln E(e^{-\theta_{k,f} r_{k,f}^n})}{T_f(P_k + p_c)} \\
&= \frac{-K \ln E(e^{-\theta_{k,f} r_{k,f}^n})}{\theta_{k,f} T_f(P_k + p_c)} = \frac{-K \ln E(e^{-\theta_{k,f} T_f B \log_2(1 + \gamma_{k,f}^n)})}{\theta_{k,f} T_f(P_k + p_c)}
\end{aligned} \tag{16-8}
$$

单位为 bit/J。

16.2.3　问题表述

我们的目标是使所有小蜂窝的总能量效率最大化，重点研究功率分配，将功率离散化为不同等级，以供小蜂窝选择。我们需要为每个小蜂窝配置合适的功率，以使总能量效率达到最大值或接近最佳值。

为了保证小蜂窝用户的 QoS，引入了隐藏约束功率 p_{mask}。考虑隐藏约束功率和最大发射功率，根据动作集 $SU_{k,f}$ 可以得到发射功率的范围为

$$
p_k^n = [p_k^{\min}, p_k^{-\max}], \quad p_k^{-\max} = \min[p_k^{\max}, p_{\text{mask}}] \tag{16-9}
$$

式中，$p_k^{\min}$ 和 $p_k^{\max}$ 分别表示小蜂窝 k 的最小和最大发射功率。

功率分配的优化问题可以表述为

$$\max_{p_k^n} \sum_{k=1}^{K} E_{\text{ee}}^{k,f} \tag{16-10}$$

$$\text{s.t. } P_k \leqslant p_k^{\max}, \quad \forall k \in \{1,2,\cdots,K\}$$

$$p_k^n \geqslant p_k^{\min}, \quad \forall n \in \{1,2,\cdots,N\}, k \in \{1,2,\cdots,K\}$$

$$p_k^n \leqslant p_k^{-\max}, \quad \forall n \in \{1,2,\cdots,N\}, k \in \{1,2,\cdots,K\} \tag{16-11}$$

$$\gamma_{k,f} \geqslant \gamma_{k,f}^*, \quad \forall f \in \{1,2,\cdots,F\}, \forall k \in \{1,2,\cdots,K\}$$

式中，$p_k^{\max}$ 表示小蜂窝 k 中的最大总发射功率；$\gamma_{k,f}^*$ 是 SINR 阈值。在本章中，我们采用分布式功率分配方案。

16.3　基于超模博弈和 Q 学习的高效功率分配

16.3.1　基于超模博弈的功率分配

我们假设小蜂窝是自私和理性的参与者，每个小蜂窝在尽可能最大化自身效用的同时并不相互交换信息。因此，我们可以将功率分配问题视为非合作博弈，可以将其描述为 $G = \langle K, \rho, \{E_{\text{ee}}^{k,f}(\cdot)\} \rangle$，其中 ρ 是功率分配的策略空间。这里，ρ 表示功率等级，因为该策略是动作的映射，并且小蜂窝 k 中用户 f 的策略由 $\rho_{k,f} = [p_k^{\min}, p_k^{-\max}]$ 表示，其中 $p_k^{-\max} = \min[p_k^{\max}, p_{\text{mask}}]$，策略集和动作集将在后面详细介绍。能量效率集 $\{E_{\text{ee}}^{k,f}(\cdot)\}$ 表示目标函数，K 是参与者的数量，即小蜂窝的数量。

用于功率分配的非合作博弈可以表述为

$$\max_{p_k^n \in \rho_{k,f}} E_{\text{ee}}^{k,f}(p_k^n, P_{-k}^n) \tag{16-12}$$

$$\text{s.t. } \gamma_{k,f} \geqslant \gamma_{k,f}^*, \quad \forall f \in \{1,2,\cdots,F\}, \forall k \in \{1,2,\cdots,K\} \tag{16-13}$$

当每个小蜂窝选择合适的策略时，总的能量效率 $E_{\text{ee}}^{k,f}(p_k^n, P_{-k}^n)$ 就会达到最大值或接近最佳值。满足上述条件时，其被称为纳什均衡。

当博弈 G 满足纳什均衡时，可以被表述为

$$E_{\text{ee}}^{k,f}(\hat{p}_k^n, \hat{P}_{-k}^n) \geqslant E_{\text{ee}}^{k,f}(p_k^n, \hat{P}_{-k}^n), \quad \forall k \in \{1,2,\cdots,K\} \tag{16-14}$$

注意，$\hat{P}_{-k}^n$ 代表所有其他小蜂窝的发射功率。

如果用于功率分配的博弈是超模博弈，则必须满足以下三个条件。

(1) 小蜂窝 k 的策略集 $\{\rho_{k,f}\}$ 是实数的子集。

(2) $E_{\mathrm{ee}}^{k,f}(p_k^n, P_{-k}^n)$ 是连续的。

(3) 如果确定了 P_{-k}^n，则 p_k^n 在 $(p_{k,f}^n, P_{-k,f}^n)$ 中表现出非递减的差异。

其他小蜂窝的干扰和噪声被认为比接收信号功率小得多，于是

$$1+\gamma_{k,f}(p_k^n, P_{-k}^n) \approx \gamma_{k,f}(p_k^n, P_{-k}^n) \tag{16-15}$$

因此 $E_{\mathrm{ee}}^{k,f}(p_k^n, P_{-k}^n)$ 可以被重写为

$$E_{\mathrm{ee}}^{k,f}(p_k^n, P_{-k}^n) = \frac{-K \ln E(\mathrm{e}^{-\theta_{k,f} T_f B \log_2(\gamma_k(p_k^n, P_{-k}^n))})}{\theta_{k,f} T_f (P_k + p_c)} \tag{16-16}$$

定理 16-1 所提出的功率分配博弈是超模博弈。

定理 16-2 如果 $G = \langle K, \rho, \{E_{\mathrm{ee}}^{k,f}(\cdot)\}\rangle$ 是一个超模博弈，我们可以得出以下结论：①至少存在一个纳什均衡；如果博弈中存在多个纳什均衡，则将存在最大值和最小值；②小蜂窝网络获得最佳收益，并且每个参与者的最佳响应是单值，并且为每个参与者更新发射功率的方案从其策略空间的最小值(最大值)开始，这些策略将单调收敛到最大(最小)纳什均衡。

由于篇幅限制，这里我们省略了证明，详见文献[8]。

因此，功率分配的更新公式为

$$p_k^{n*} = \arg\max E_{\mathrm{ee}}^{k,f}(\hat{p}_k^n | \hat{P}_{-k}^n) \tag{16-17}$$

16.3.2 基于 Q 学习的功率分配

1. 多智能体 Q 学习

在本节中，我们考虑包含 N 个智能体的模型，其中每个智能体都参与了 Q 学习算法，并且它们是独立的，彼此之间不合作，也不相互交换信息。S_i 和 A_i 分别表示与智能体 i 相关的环境状态和动作的离散集合。在每个时隙 t，智能体 i 感知环境状态 $s_i^t = s_i \in S_i$，无须交换信息，并选择动作 $a_i^t = a_i \in A_i$。最后智能体 i 收到了奖励 $r_i^t = r_i(s_i^t, a_1, \cdots, a_N)$，然后环境状态基于固定的转移概率 $T_{s_i, s_i'}(a_1, \cdots, a_N)$ 变为新的状态 $s_i^{t+1} = s_i' \in S_i$。

2. 结合 Q 学习的功率分配

在本节中，考虑到小蜂窝的特性以及小蜂窝之间的关系，我们将小蜂窝视为智能体，将功率分配视为动作。我们重新定义了小蜂窝 k 的动作集，$a_k \in A_k = (0, \cdots, m_k)$，因此我们根据动作来离散化功率：

$$p_k^n = \rho_k(a_k) = \left(1 - \frac{a_k}{m_k}\right)p_{k,f}^{\min} + \frac{a_k}{m_k} p_k^{-\max}, \quad a_k = 0, \cdots, m_k \tag{16-18}$$

很容易看出 $\rho_k(a_k)$ 和 a_k 是线性的，因此 $E_{\mathrm{ee}}^{k,f}(p_k^n, P_{-k}^n)$ 可以写成

$$E_{\mathrm{ee}}^{k,f}(p_k^n, P_{-k}^n) = E_{\mathrm{ee}}^{k,f}(a_k^n, A_{-k}^n) \tag{16-19}$$

$$\gamma_{k,f}(p_k^n, P_{-k}^n) = \gamma_{k,f}(a_k^n, A_{-k}^n) \tag{16-20}$$

式中，A_{-k}^n 是其他所有小蜂窝所采取的动作：

$$A_{-k}^n = \{a_1^n, a_2^n, \cdots, a_{k-1}^n, a_{k+1}^n, \cdots, a_K^n\} \tag{16-21}$$

1）状态

之前已经提到过，小蜂窝是独立的，并尽可能最大化其自身的能量效率，用户应该观察小蜂窝 k 在时隙 t 时的环境状态，将其表述为

$$s_k^t = (k, I_k, p_k^n(a_k))^t \tag{16-22}$$

式中，$I_k \in \{0,1\}$ 表示在小蜂窝 k 中用户 f 的接收 SINR $\gamma_{k,f}$ 是否大于阈值，其定义为

$$I_k = \begin{cases} 1, & \gamma_{k,f}\gamma_{k,f}(a_k^n, A_{-k}^n) \geqslant \gamma_{k,f}^*\gamma_{k,f}(a_k^n, A_{-k}^n) \\ 0, & \text{否则} \end{cases} \tag{16-23}$$

式中，A_{-k}^n 表示除小蜂窝 k 之外的小蜂窝采取的动作。令 S_k 为小蜂窝 k 中用户的环境状态的离散集合。

2）奖励

功率分配中的能量效率函数可以视为 Q 学习中的奖励函数，考虑到环境状态，将奖励函数重写为

$$\begin{aligned} \mathfrak{R}_k^n(a_k^n, A_{-k}^n) &= E_{\mathrm{ee}}^{k,f}(p_k^n, P_{-k}^n) \\ \mathfrak{R}_k^n(s_k, a_k^n, A_{-k}^n) &= \begin{cases} \mathfrak{R}_k^n(a_k^n, A_{-k}^n), & I_k = 1 \\ 0, & \text{否则} \end{cases} \end{aligned} \tag{16-24}$$

小蜂窝 k 选择状态 S_k 中的功率等级以确保 QoS 并最大化能量效率，并且将奖励返回小蜂窝。

3）下一状态

状态从 s_k^t 到 s_k^{t+1} 的转变取决于所有小蜂窝的随机行为。在非合作博弈 $G = \langle K, \rho, \{E_{\mathrm{ee}}^{k,f}(\cdot)\} \rangle$ 中，每个小蜂窝都选择合适的策略，并获得折扣奖励总和的期望。

$$\max_{\pi_k}\left\{ E\left[\sum_{t=0}^{\infty} \beta^t \mathfrak{R}_k^n(s_k, \pi_k(s_k^t), \pi_{-k}(s_k^t)) \Big| s_k^0 = s_k \right] \right\} \tag{16-25}$$

式中，$\pi_{-k}(s_k^t)=(\pi_1(s_1^t),\cdots,\pi_{k-1}(s_{k-1}^t),\pi_{k+1}(s_{k+1}^t),\cdots,\pi_K(s_K^t))$，$\pi_{-k}(s_k^t)$ 是其他小蜂窝的策略集。我们重新定义策略 π_k，$\pi_k(s_k)=[\pi_k(s_k,0),\cdots,\pi_K(s_k,m_k)]$，并且可以将策略 π_k 视为在状态 s_k 中选择动作 a_k 的概率。当每个小蜂窝选择最佳策略时，我们可以获得最佳 Q_k^*：

$$Q_k^*(s_k,a_k)=E[\Re_k^n(s_k,a_k,\boldsymbol{\pi}_{-k}^*(s_k))]+\beta\sum_{s_k'\in S_k}T_{s_k s_k'}\left(a_k,\boldsymbol{\pi}_{-k}^*(s_k)\right)\max_{b_k\in A_k}Q_k^*(s_k',b_k) \quad (16\text{-}26)$$

多智能体的学习过程是利用信息 $\langle s_k,a_k,s_k',\pi_k^t\rangle$ 来找到最优 $Q_k^*(s_k,a_k)(k\in\{1,2,\cdots,K\})$，其中 s_k 和 s_k' 是时隙 t 和 $t+1$ 时小蜂窝 k 的状态。a_k 和 π_k^t 分别是小蜂窝 k 采取的动作和策略。多智能体 Q 学习的更新原理是下列等式：

$$\begin{aligned}Q_k^{t+1}\left(s_k,a_k\right)=&\left(1-\alpha_t\right)Q_k^t\left(s_k,a_k\right)\\&+\alpha_t\left(\sum_{a_{-k}\in A_{-k}}\left(\Re_k\left(s_k,a_k,a_{-k}\right)\prod_{j\in K\backslash\{k\}}\pi_j^t\left(s_j,a_j\right)\right)+\beta\max_{b_k\in A_k}Q_k^t\left(s_k',b_k\right)\right)\end{aligned}$$

$$(16\text{-}27)$$

根据式(16-27)，当选择发射功率等级时，Q 值的更新由过去的 Q 值和对新奖励的期望来确定。具体而言，$\pi_j^t\left(s_j,a_j\right)$ 是其他小蜂窝的策略，当小蜂窝 k 选择功率 $p_k(a_k)$ 时，可以获得更大的奖励期望，即 $\displaystyle\sum_{a_{-k}\in A_{-k}}\left(\Re_k^n\left(s_k,a_k,a_{-k}\right)\prod_{j\in K\backslash\{k\}}\pi_j^t\left(s_j,a_j\right)\right)$，并且 $Q_k^t(s_k,a_k)$ 将增加到更大的值。因此，我们提出的多智能体 Q 学习过程需要小蜂窝 k 的信息，还需要了解其他小蜂窝的策略。现在的问题是小蜂窝之间是非合作的。

3. 改进

如前所述，小蜂窝 k 的当前奖励期望由自身的策略和其他小蜂窝的策略确定。实际上，很难获得所有小蜂窝的信息，因此我们引入了基于多智能体 Q 学习算法的推测[9]，将其作为一个参与者从其他参与者那里获得的唯一信息。现在我们给出线性函数来描述此推测 $\tilde{c}_k^t\left(s_k,a_{-k}\right)$：

$$\tilde{c}_k^t\left(s_k,a_{-k}\right)=c_k^{t-1}\left(s_k,a_{-k}\right)-\eta_k^{s_k,a_{-k}}\left(\pi_k^t\left(s_k,a_k\right)-\pi_k^{t-1}\left(s_k,a_k\right)\right) \quad (16\text{-}28)$$

式中，$\eta_k^{s_k,a_{-k}}$ 是一个正标量；$c_k^{t-1}\left(s_k,a_{-k}\right)$ 和 $\pi_k^{t-1}\left(s_k,a_k\right)$ 分别是上一个时隙中的推测和策略。

小蜂窝中的每个用户都认为，一点小的变化就能使其在与其他小蜂窝的竞争中获得优势，并且在下一个时隙中可以获得更好的变化。

接下来，我们根据推测将更新函数重写为

$$Q_k^{t+1}(s_k,a_k)=(1-\alpha_t)Q_k^t(s_k,a_k)$$
$$+\alpha_t\left(\sum_{a_{-k}\in A_{-k}}\tilde{c}_k^t(s_k,a_{-k})\mathfrak{R}_{b_k}^n(s_k,a_k,a_{-k})+\beta\max_{b_k\in A_k}Q_k^t(s_k',b_k)\right) \quad (16\text{-}29)$$

学习过程是探索和开发的过程，小蜂窝需要加强对良好的功率等级的评估，还需要探索更好的功率等级。贪婪选择[17]是平衡探索和开发的一种有效方法，但是在这种方法中，所有可用的动作均被平等地选择，这导致最差的动作会被选择为最佳的动作。

显然，最佳功率等级对应于最大的选择概率，但是其他功率等级则通过其 Q 值进行度量。引入玻尔兹曼分布来定义策略：

$$\pi_k^t(s_k,a_k)=\frac{e^{Q_k^t(s_k,a_k)/\tau}}{\sum\limits_{b\in A_k}e^{Q_k^t(s_k,b)/\tau}} \quad (16\text{-}30)$$

根据策略 π_k^t，智能体(小蜂窝)选择动作 a_k，其中 τ 是一个被称为温度的正参数，温度越大，概率之间的差异就越小。

文献[9]中给出了这种基于推测的多智能体 Q 学习算法的收敛性。

基于多智能体 Q 学习和推测，该算法可以被表述如下。

算法 16-1　　基于 Q 学习的功率优化算法

---

1. 初始化：令 $t=0$
2. for each $s_k\in S_k$，$a_k\in A_k$ do
3. 　　初始化传输策略 $\pi_k^t(s_k,a_k)$，$Q_k^t(s_k,a_k)$
4. 　　推测 $\tilde{c}_i^t(s_k,a_{-k})$ 和 $\eta_k^{s_k,a_{-k}}$
5. end for
6. 评估初始 $s_k=s_k^t$
7. 学习过程
8. 循环
9. (1) 根据策略 $\pi_k^t(s_k)$，选择动作 a_k。
10. (2) 评估接收的 SINR γ_k；根据发射功率等级观察当前状态 $s_k'=s_k^{t+1}$，并将 γ_k 和 γ_k^* 进行比较。
11. (3) 如果 $\gamma_k\geqslant\gamma_k^*$，则可以计算奖励并返回给智能体；否则，奖励值为零。

---

12. (4) 根据式(16-29)更新 $Q_k^{t+1}(s_k, a_k)$。

13. (5) 根据式(16-30)更新 $\{\pi_k^{t+1}(s_k, a_k)\}_{a_k \in A_k}$。

14. (6) 根据式(16-28)更新 $\tilde{c}_k^{t+1}(s_k, a_{-k})$。

15. (7) $s_k = s_k^{t+1}$

16. (8) $t = t+1$

17. 结束循环

16.4　仿真结果与分析

本节给出仿真结果以评估所提出算法的性能。在仿真中，我们取一个半径为 500m 的宏蜂窝，并将小蜂窝随机分布在其中。小蜂窝与宏蜂窝之间的最小距离为 40m，小蜂窝之间的最小距离为 300m；载波频率为 2GHz， $B = 1\text{MHz}$ ， $N = 30$ ，并且 $\sigma^2 = \dfrac{B}{N} N_0$ ，其中 $N_0 = -174\text{dBm/Hz}$ 是噪声功率谱密度。

图 16-1 显示了我们所提出的算法比参考算法(平均功率分配算法)具有一定的优势。随着小蜂窝数量的增加，预期的奖励逐渐减少。在我们所提出的算法中，小蜂窝选择了三个功率等级，以在保证 QoS 的同时最大化对奖励的期望。此算法的优点是小蜂窝可以调整自己的功率等级，并推测其他小蜂窝的策略，以避免更严重的干扰。

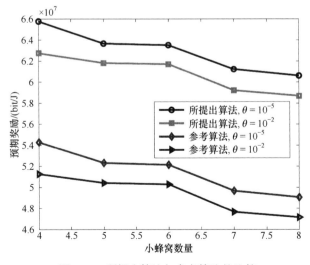

图 16-1　所提出算法与参考算法的比较

16.5 总　　结

本章研究了基于非合作博弈的功率分配问题，以减轻干扰并增加小蜂窝的吞吐量。在小蜂窝中引入了时延约束和有效容量以保证服务质量。将功率分配问题建模为非合作式超模博弈，并证明其可以收敛于纳什均衡，进而通过多智能体 Q 学习算法解决问题。仿真结果验证了所提出的基于超模博弈的功率分配算法的有效性。

参 考 文 献

[1] Zhang H J, Chu X L, Guo W S, et al. Coexistence of Wi-Fi and heterogeneous small cell networks sharing unlicensed spectrum. IEEE Communications Magazine, 2015, 53(3): 158-164.

[2] Zhang H J, Jiang C X, Beaulieu N C, et al. Resource allocation in spectrum-sharing OFDMA femtocells with heterogeneous services. IEEE Transactions on Communications, 2014, 62(7): 2366-2377.

[3] Zhang H J, Jiang C X, Cheng J L, et al. Cooperative interference mitigation and handover management for heterogeneous cloud small cell networks. IEEE Wireless Communications, 2015, 22(3): 92-99.

[4] Zhang H J, Nie Y N, Cheng J L, et al. Sensing time optimization and power control for energy efficient cognitive small cell with imperfect hybrid spectrum sensing. IEEE Transactions on Wireless Communications, 2017, 16(2): 730-743.

[5] Jiang C X, Zhang H J, Ren Y, et al. Energy-efficient non-cooperative cognitive radio networks: Micro, meso and macro views. IEEE Communications Magazine, 2014, 52(7): 14-20.

[6] Zhang H J, Jiang C X, Beaulieu N C, et al. Resource allocation for cognitive small cell networks: A cooperative bargaining game theoretic approach. IEEE Transactions on Wireless Communications, 2015, 14(6): 3481-3493.

[7] Jing W P, Lu Z M, Zhang Z C, et al. Energy-efficient power allocation with QoS provisioning in OFDMA femtocell networks. Proceedings of IEEE Wireless communications and Networking Conference, Istanbul, 2014: 1473-1478.

[8] Zhang Z C, Wen X M, Li Z F, et al. QoS-aware energy-efficient power control in two-tier femtocell networks based on Q-learning. Proceedings of International Conference on Telecommunications, Lisbon, 2014: 313-317.

[9] Chen X F, Zhao Z F, Zhang H J. Stochastic power adaptation with multiagent reinforcement learning for cognitive wireless mesh networks. IEEE Transactions on Mobile Computing, 2013, 12(11): 2155-2166.

[10] Apandi N I A, Hardjawana W, Vucetic B. A distributed cooperative power allocation scheme for small cell networks. Proceedings of IEEE Wireless Communications and Networking Conference, New Orleans, 2015: 1882-1887.

[11] Wang M, Tian H, Nie G F. Energy efficient power and subchannel allocation in dense OFDMA small cell networks. Proceedings of IEEE 80th Vehicular Technology Conference, Vancouver, 2014: 1-5.

[12] Ng D W K, Lo E S, Schober R. Energy-efficient resource allocation in multi-cell OFDMA systems with limited backhaul capacity. IEEE Transactions on Wireless Communications, 2012, 11(10): 3618-3631.

[13] Bacci G, Belmega E V, Mertikopoulos P, et al. Energy-aware competitive power allocation for heterogeneous networks under QoS constraints. IEEE Transactions on Wireless Communications, 2015, 14(9): 4728-4742.

[14] Zhang H J, Sun M Y, Long K P, et al. Supermodular game based energy efficient power allocation in heterogeneous small cell network. Proceedings of IEEE International Conference on Communications, Paris, 2017: 1-5.

[15] Mlika Z, Goonewardena M, Ajib W, et al. Efficient user and power allocation in the femtocell networks. Proceedings of IEEE 9th International Conference on Wireless and Mobile Computing, Networking and Communications, Lyon, 2013: 578-583.

[16] Wu D P, Negi R. Effective capacity: A wireless link model for support of quality of service. IEEE Transactions on Wireless Communications, 2003, 2(4): 630-643.

[17] Gomes E R, Kowalczyk R. Dynamic analysis of multiagent Q-learning with ε-greedy exploration. Proceedings of the 26th International Conference on Machine Learning, Montreal, 2009: 369-376.

索　引